본 도서는 항균잉크로 인쇄하였습니다.

항균+
99%
안심도서

항균잉크의 특징

◉ 바이러스, 박테리아, 곰팡이 등에 항균효과가 있는 산화아연을 적용

◉ 산화아연은 한국의 식약처와 미국의 FDA에서 식품첨가물로 인증받아 **강력한 항균력**을
구현하는 소재

◉ 황색포도상구균과 대장균에 대한 테스트를 완료하여 **99%이상의 강력한 항균효과** 확인

◉ 잉크 내 중금속, 잔류성 오염물질 등 **유해 물질 저감**

TEST REPORT

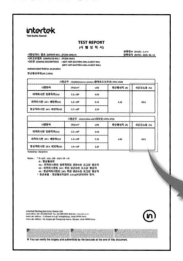

(YR)	세균감소율 (%)
	99.0
(YR)	세균감소율 (%)
	99.8

Clean Zone

SD에듀
㈜시대고시기획

집에서 즐기는 라틴아메리카 현지 음식

멕시코 라틴
푸드 트립

일러두기

- 🍚 : 분량   🥄 : 준비시간   🍲 : 조리시간
- '준비시간'에는 고기를 재우거나 육수를 만드는 시간은 포함하지 않았습니다.
- 한국에서 구하기 어려운 식재료는 '괄호( )'나 'or'을 사용해 대체 가능한 식재료를 표기하였습니다.
- '*' 표기가 되어있는 재료는 선택사항이며, 없다면 굳이 넣지 않아도 됩니다.
- 모든 레시피는 계량스푼으로 계량했습니다. 'Ts(테이블 스푼)'은 큰 술, 'ts(티 스푼)'은 작은 술로 계량하면 됩니다.
- 사진의 순서와 레시피의 순서는 동일합니다.
- 본격적으로 요리를 시작하기 전에 재료와 레시피, COOK's TIP을 먼저 읽어보는 것이 좋습니다.

첫 번째 책이 출간된 지 두 달 정도 지났을 무렵 두 번째 책의 제의를 받았습니다.
이 모든 것은 저와 함께 해주신 여러분 덕분이라고 생각합니다. 진심으로 감사드립니다.

미국에서 십 수 년 동안 엄마와 아내로 충실히 살고 있는 저에게 음식은 엄마의 품을 느낄 수 있는 고향과도 같은 것이었습니다. 엄마가 만들어 주던 음식 맛이 그리워서 전화로 레시피를 전수받던 제가 이곳에서 다양한 국적의 친구들을 통해 그들의 음식을 배우게 되었고, 이제는 저처럼 한국이 아닌 다른 나라에 살고 계신 분들에게 맛있는 요리를 건강하고 쉽게 만들어 즐길 수 있는 방법을 알려드리며 살고 있습니다.

저의 두 번째 책은 라틴아메리카의 음식입니다. 미국으로 건너온 이민자들 중 다수를 차지하는 사람은 스페인어나 포르투갈어를 사용하는 라티노(Latino)입니다. 한국에서 어렸을 때부터 영어를 배우듯, 이곳에서는 스페인어를 가장 많이 배울 정도로 라틴아메리카에서 온 사람들이 많습니다. 이 때문에 라틴 음식은 미국에서 가장 대중화되어 있는 음식 중 하나로 자리 잡았습니다. 심지어 멕시코와 인접해 있는 텍사스와 같은 미국 남부에서는 멕시코 요리에서 영향을 받은 미국계 멕시코 음식인 텍스멕스(Tex-Mex) 등이 만들어졌으며, 텍스멕스 음식 중 가장 대표적인 파히타나 엔칠라다, 부리토 등의 음식들을 멕시코 음식으로 알고 있는 분들도 아주 많습니다.

음식을 하다 보면 그 나라의 역사를 알 수 있습니다. 라틴아메리카는 역사적으로 대부분의 지역이 오랫동안 스페인과 포르투갈의 지배를 받았던 곳이라 음식 역시도 그 나라의 영향을 많이 받았습니다. 특히 남미 음식들은 스페인, 포르투갈의 음식과 상당히 비슷하지만 라틴 음식은 고추를 많이 사용하기 때문에 매운맛을 좋아하는 한국인의 입맛에 특히 더 잘 맞을 것입니다. 이 책에서 소개해 드리는 음식들은 부담 없으면서도 건강하게 라틴아메리카의 새로운 맛을 접할 수 있도록 구성했습니다. 라틴아메리카의 역사와 문화가 담긴 음식을 통해 라틴아메리카를 여행해보시기 바랍니다.

마지막으로 테스팅을 수없이 반복할 때마다 불평 없이 잘 도와준 연수와 희수, 특별히 남편에게 감사 인사를 전합니다.

¡ Hola amigos, Gracias por la ayuda

싱거운 올리브_김예리

목차

Chapter 1
APPETIZER _ 전채요리

바칼라이토스
•
24

슈림프 스캘럽 세비체
•
28

튜나 세비체
•
30

아카라제 & 바타파
•
32

엠빠나다
•
36

일로테
•
42

칠리 리에노
•
44

타키토
•
50

토스토네스
•
54

까손 엔 아도보
•
58

폴포 알 올리보
•
62

타쿠 타구
•
64

Chapter 2
SALSA & VEGETABLE _ 살사 & 채소요리

Chapter 3
SOUP _ 국물요리

Chapter 5
TACO & MEAL _ 타코 & 식사

Chapter 6
DESSERT _ 디저트

멕시칸 핫초콜릿 컵케이크

252

소파이피야

256

아보카도 아이스크림

260

알파홀

262

추로스

268

치차론

272

트레스 레체스

274

팡 지 케이주

278

플란 나폴리타노

282

Chapter 7
COCKTAIL & BEVERAGE _ 칵테일 & 음료

테킬라 선라이즈

288

리쿠아도 드 멜론

290

망고 마르가리타

292

할라피뇨 마르가리타

294

모히토

296

브라질 레몬에이드

298

상그리아

300

Chapter 8
SAUCE & ETC. _ 소스 & 부재료

몰레 소스

304

살사 로하

306

살사 베르데

307

엔칠라다 소스

308

퀘소 소스

309

타코 시즈닝

310

멕시 소스

311

비네그레트

312

초리조

313

마사 토르티야

315

밀가루 토르티야

316

닭육수

317

다시마육수

318

새우육수

319

식재료 및 향신료

검은콩(Frijoles negros, Black bean)

맛 과 향 : 담백한 맛을 가지고 있지만, 서리태보다 살짝 덜 고소합니다.

일 반 정 보 : 전 세계에서 많이 먹는 콩 중에 하나입니다.

효능·효과 : 안토시아닌 색소가 풍부해서 시력 향상과 항암 작용, 노화 방지에 좋습니다.

사 용 법 : 리프라이드 빈(p.72), 수프, 스튜, 샐러드, 밥 등에 사용됩니다.

대 체 식 품 : 서리태, 쥐눈이콩

고수(Cilantro, Coriander)

맛 과 향 : 실란트로, 코리앤더, 향채라고 부르는 고수는 특유의 비누 향으로 호불호가 있는 식품입니다.

일 반 정 보 : 지중해 지역에서 유래된 고수는 멕시코, 중남미, 태국, 인도, 베트남, 포르투갈에서 주로 사용하는 향신료입니다.

효능·효과 : 비타민과 미네랄이 풍부한 식품으로 화를 조절하고 우울증을 예방하며 신경조직 발달에 좋습니다.

사 용 법 : 멕시코, 스페인 음식에 아주 많이 쓰이며, 베트남 등의 동남아 음식에서도 빼놓을 수 없는 식재료입니다.

대 체 식 품 : 미나리

과히요 칠리(Guajillo chili)

맛 과 향 : 미라솔 칠리를 말린 것으로 별로 맵지 않은 고추입니다.

일 반 정 보 : 우리나라 고추보다 1.5~2배 정도 되는 크기로 매운맛의 정도를 나타내는 스코빌지수는 2,500~5,000SHU입니다.
  * 청양고추는 4,000~12,000SHU

효능·효과 : 비타민이 풍부하며 신진대사를 촉진합니다.

사 용 법 : 마일드한 매운맛의 칠리소스나 살사, 타말(p.150)에 사용됩니다.

대 체 식 품 : 건고추

동부콩, 블랙 아이 콩(Black-eye peas)

맛 과 향 : 구수하고 단맛이 나는 콩으로 일반 콩보다 전분이 많습니다.

일 반 정 보 : 서아프리카, 아시아 등 다양한 곳에서 먹으며, 중국에서는 껍질콩으로 먹습니다.

효능·효과 : 칼로리가 낮아서 다이어트에 좋고 소화가 쉬우며, 붓기를 빼는 데 도움이 됩니다.

사 용 법 : 브라질의 아카라제(p.32)를 만들 때 사용하고, 녹두나 팥처럼 떡고물이나 과자에도 사용됩니다.

마사 하리나(Masa harina)

맛 과 향 : 찰옥수수와 같은 구수한 맛의 옥수수가루지만, 일반 옥수수전분과는 만드는 방법에 차이가 있습니다.

일 반 정 보 : 옥수수를 석회수에 담가 끓여서 껍질을 벗긴 다음(닉스타말화 nixtamal + 化) 가루로 만들어 오래 보관할 수 있도록 한 옥수수가루입니다.

효능 · 효과 : 칼로리, 탄수화물, 단백질, 지방 함량이 일반 옥수수가루에 비해 높고, 닉스타말화를 거치면서 필수 아미노산과 니아신의 체내흡수율이 높아졌습니다.

사 용 법 : 타말(p.150), 뿌뿌사(p.202), 토르티야(p.315) 등을 만들 때 사용합니다.

멕시칸 스타일 치즈(Mexican style cheese)

맛 과 향 : 4가지 맛이 동시에 나는 고소한 치즈입니다.

일 반 정 보 : 몬테리 잭, 체더, 아사데로, 케사디야 치즈를 섞어 놓은 것으로 한번에 다양한 치즈를 맛볼 수 있습니다.

효능 · 효과 : 단백질과 지방이 풍부해서 뼈와 근육 건강에 도움을 줍니다.

사 용 법 : 멕시칸 피자(p.192)나 엔칠라다(p.210)등을 만들 때 사용합니다.

대 체 식 품 : 체더 치즈, 몬테리 잭 치즈

멕시칸 오레가노(Mexican oregano)

맛 과 향 : 오레가노와 비슷한 맛으로, 감귤 향이 함께 납니다.

일 반 정 보 : 리피아 그래베오렌(lippia graveolens, 향리피아)을 말린 향신료입니다.

효능 · 효과 : 항산화 작용을 하며 알레르기를 진정시키거나 피부의 가려움증 완화에도 효능이 있습니다.

사 용 법 : 멕시코와 유럽 요리의 향신료로 사용됩니다.

대 체 식 품 : 오레가노

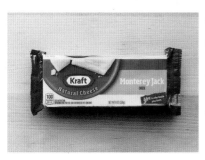

몬테리 잭 치즈(Monterey jack cheese)

맛 과 향 : 흰색에 가까운 아이보리색 치즈로 가볍게 쏘는 맛이 있으나 전체적으로 부드럽고 순한 맛을 가지고 있습니다.

일 반 정 보 : 비가열 압착 치즈로 3~6주 만에 숙성됩니다. 100% 우유만 사용하면 연질치즈가 되고 탈지유를 사용하면 경질치즈가 됩니다.

사 용 법 : 육류나 생선 등을 구울 때 사용되고, 피자 토핑용으로도 사용됩니다.

사프란(Saffron)

맛 과 향 : 음식을 노란색으로 물들이며 은은한 향을 냅니다.

일 반 정 보 : 꽃의 암술대를 건조시켜 만든 향신료로 무게로 따지면 세계에서 가장 비싼 향신료입니다.

효능 · 효과 : 항암과 항산화 작용을 하며 월경 불순과 냉증 완화에도 좋고, 직물 염색제와 화장품으로도 사용됩니다.

사 용 법 : 끓는 물에 사프란을 한 꼬집 넣어서 차로도 마시지만, 음식에 넣어서 예쁜 색과 향을 내는 데 주로 사용합니다.

아보카도(Avocado)

맛 과 향 : '숲속의 버터'라고 불리며 부드럽고 크리미한 맛이 특징입니다.

일 반 정 보 : 멕시코와 라틴아메리카가 원산지로 검붉은 색이 잘 익은 것입니다.

효능 · 효과 : 단일 불포화지방산으로 이뤄져 있으며, 비타민과 미네랄이 풍부하고 콜레스테롤을 효과적으로 분해해 성인병 예방에 좋습니다. 또한 탄수화물과 단백질이 있는 영양가 높은 과일입니다.

사 용 법 : 과카몰리(p.70), 아보카도 수프(p.104), 아보카도 아이스크림(p.260) 등에 사용되며 아보카도오일은 식용유를 대체할 만한 좋은 식품입니다.

안남미(Indica rice, Long-grain rice)

맛 과 향 : 모양이 길쭉하며 찰기가 없어 밥알이 분리됩니다. 쌀국수 냄새가 나기도 합니다.

일 반 정 보 : 자스민 쌀이라고도 하는 안남미는 전 세계 쌀의 80∼90%를 차지하는 대표적인 쌀의 품종입니다. 밥알의 길이가 길어 롱그레인이라고도 부르며 밥을 지을 때 쌀과 물의 비율을 1 : 2 정도로 넣어 짓습니다.
* 한국과 일본은 길이가 중간 정도(medium-grain) 되는 쌀을 선호합니다.

효능 · 효과 : 밥 한 공기의 칼로리가 일반 밥보다 낮아서 다이어트에 효과적이고 소화가 쉽게 됩니다.

사 용 법 : 중국식이나 동남아식 밥, 볶음밥, 쌀국수, 라이스페이퍼, 술, 과자, 아이스크림 등에 사용됩니다.

앤초 칠리(Ancho chili)

맛 과 향 : 매운맛이 거의 안 나는 건고추입니다.

일 반 정 보 : 포블라노 칠리를 말린 것으로 1,000∼1,500SHU 정도로 맵지 않은 고추입니다.

효능 · 효과 : 콜레스테롤과 당뇨를 조절합니다.

사 용 법 : 붉은색이 나는 멕시코의 많은 소스에 쓰입니다.

대 체 식 품 : 맵지 않은 건고추

엠빠나다 도우(Empanadas dough)

맛 과 향 : 밀가루에 달걀, 소금을 넣고 반죽해서 동그란 모양으로 만든 도우로 우리의 만두피와 빵의 중간 느낌입니다.

일 반 정 보 : 스페인과 남미의 전통 요리인 엠빠나다(p.36)를 만들 때 사용하는 반죽입니다.

사 용 법 : 만두처럼 도우 안에 고기나 채소를 넣어 굽거나 튀기는 것이 일반적이지만 과일을 넣어 디저트로 만들기도 합니다.

연유(Sweet condensed milk)

맛 과 향 : 달콤한 맛의 우유 향을 가지고 있습니다.

일 반 정 보 : 저온 살균한 우유를 진공상태에서 1/2~1/3로 농축시킨 것으로 설탕을 첨가하면 단맛이 나는 가당연유가 되며, 첨가하지 않으면 농축된 무당연유가 됩니다.

효능 · 효과 : 실온에서도 장기간 보관할 수 있기 때문에 칼슘과 인의 좋은 공급원이 됩니다.

사 용 법 : 빙수, 커피, 스무디 등 단맛을 내는 곳에 설탕 대신 사용합니다.

초리조, 초리수, 쇼리수(Chorizo)

맛 과 향 : 매콤한 맛의 향이 강한 소시지입니다.

일 반 정 보 : 이베리아 반도(스페인, 포르투갈 등의 남유럽)의 돼지고기 소시지로 고춧가루나 훈제 파프리카를 넣어 만듭니다.

효능 · 효과 : 단백질과 지방이 풍부한 음식입니다.

사 용 법 : 피자의 살라미나 페페로니 대신 사용하기도 하고 샌드위치나 타코 속에 넣기도 하며, 찌거나 구워서 그냥 먹기도 합니다.

치폴레 칠리(Chipotle chili)

맛 과 향 : 훈제한 고추로 불맛과 단맛, 매운맛을 한꺼번에 맛볼 수 있습니다.

일 반 정 보 : 스코빌지수가 5,000~10,000SHU 사이로 빨갛게 익은 할라피뇨를 건포도와 같이 훈제하여 만듭니다.

효능 · 효과 : 비타민과 미네랄이 풍부하며, 암 예방과 당뇨를 조절하는 데 도움이 되고 체중 감량에도 효과가 있습니다.

사 용 법 : 스페인과 라틴아메리카의 요리에 많이 사용되며 주로 아도보 소스와 함께 캔에 넣어서 판매됩니다.

케소 프레스코(Queso fresco) or 파넬라 치즈(Panela cheese)

맛 과 향 : 촉촉하고 부드러우며 담백함이 일품인 치즈입니다.

일 반 정 보 : '생치즈'라는 뜻으로 숙성을 거치지 않은 모차렐라나 리코타 치즈와 비슷합니다.

효능 · 효과 : 칼슘, 단백질, 비타민D가 풍부해서 뼈를 튼튼하게 해줍니다.

사 용 법 : 치즈를 손으로 부숴서 타코에 넣어 먹습니다.

대 체 식 품 : 모차렐라, 리코타 치즈, 페타 치즈

쿠민(Cumin)

맛 과 향 : 후추와 정향을 섞은 매운맛이 납니다.

일 반 정 보 : 라틴아메리카, 중동, 인도 등에서 향신료로 사용됩니다.

효능 · 효과 : 소화를 촉진하고 복통을 진정시킵니다.

사 용 법 : 멕시코의 많은 요리에 감칠맛을 내는 향신료로 쓰입니다.

토르티야(Tortilla)

맛 과 향 : 마사 하리나(옥수수가루)나 밀가루로 구운 얇은 빵으로 구수한 맛이 납니다.

일 반 정 보 : 고대부터 멕시코의 주식인 옥수수로 만들었으나, 16세기 스페인의 정복 이후 밀가루 토르티야가 만들어졌습니다.

효능 · 효과 : 지방이 적고 비타민과 무기질이 풍부합니다.

사 용 법 : 난처럼 생겼으며 고기나 채소 등을 넣어 싸먹습니다.

토마틸로(Tomatillo)

맛 과 향 : '토마티요'라고도 불리며 약간 끈적끈적하고 시큼하지만 아삭하면서도 깔끔한 맛이 납니다.

일 반 정 보 : 가지과의 식물로 겉모습은 토마토처럼 생겼지만 속은 가지와 닮았습니다.

효능 · 효과 : 비타민이 풍부해서 감기에 좋으며 특히 목감기에 효과가 있습니다. 이외에도 암을 예방하고 면역력을 높여줍니다.

사 용 법 : 라틴아메리카의 살사 베르데(p.307) 같은 녹색 소스나 스튜, 커리, 잼, 디저트 등에 다양하게 사용합니다.

대 체 식 품 : 청토마토, 가지

팜유(Palm oil)

맛 과 향 : 일반 식용유와 비교하면 끓였을 때 미세하지만 부드러운 단맛이 납니다.

일 반 정 보 : 기름야자 열매를 압축시켜 채유한 식물성 유지지만, 포화지방산이 높아 실온에서는 반고체 형태가 됩니다. 공기 중에서 쉽게 산화되기 때문에 반드시 밀봉하여 공기의 접촉을 최대한 막는 것이 중요합니다.

효능 · 효과 : 비타민E를 생성하는 토코페롤이 함유되어 있어 항산화 작용을 하며 노화 방지에 좋습니다.

사 용 법 : 튀기는 음식에 많이 사용됩니다. 단, 운송 · 보존 과정에서 수소화과정을 거쳐 트랜스지방이 생기기 때문에 과한 섭취는 피하는 것이 좋습니다.

대 체 식 품 : 코코넛유

포블라노 칠리(Poblano chili)

맛 과 향 : 피망과 일반 고추의 중간 정도 매운맛이 나며 아삭합니다.

일 반 정 보 : 멕시코의 푸에블라주가 원산지로 피망 정도의 크기입니다. 스코빌지수는 1,000~1,500SHU로 그리 맵지 않습니다.

효능 · 효과 : 비타민A와 C가 풍부하고 항산화 작용을 하며, 뼈를 건강하게 만듭니다.

사 용 법 : 치즈를 넣어서 칠리 리에노(p.44)를 만들어 먹습니다.

대 체 식 품 : 피망, 아삭이 고추

플라타노(Platano)

맛 과 향 : 바나나처럼 생겼지만 훨씬 단단하고 고구마와 비슷한 맛이 납니다.

일 반 정 보 : 생으로 먹을 수는 없고 조리가 필요합니다.

효능 · 효과 : 섬유질, 비타민A·B6·C가 풍부하며 심장에 좋고, 항산화 작용을 합니다.

사 용 법 : 멕시코, 콜롬비아 등의 남미와 스페인에서 주로 먹으며 굽거나 튀겨서 조리합니다.

대 체 식 품 : 고구마

핀토 빈(Pinto bean)

맛 과 향 : 전분이 풍부하며 콩과 감자가 섞인 느낌의 강낭콩류입니다.

일 반 정 보 : 핀토 빈은 미국과 북서 멕시코에서 자주 먹는 식재료로 얼룩무늬의 '핀토 말'을 닮았다 하여 이름 붙여졌습니다. 익으면 조금 붉게 변하는 특징이 있습니다.

효능 · 효과 : 검은콩보다 섬유질이 풍부해서 변비에 좋고 단백질과 필수아미노산이 풍부하여 콜레스테롤 조절에 효과적입니다. 또한 혈당 수치가 급격히 향상되는 것을 막아주기 때문에 당뇨에도 좋습니다.

사 용 법 : 멕시코나 브라질 등 남미 음식에 많이 사용되며 리프라이드 빈(p.72), 프리홀레스 차로(p.86), 샐러드, 수프, 스튜 등에 사용됩니다.

대 체 식 품 : 강낭콩

하바네로(Habanero)

맛 과 향 : 강력한 매운맛과 동시에 상큼한 감귤 향을 가지고 있습니다.

일 반 정 보 : 스코빌지수가 10,000~30,000SHU 정도이며 크기는 2~5cm 정도로 작습니다.

효능 · 효과 : 면역력을 증가시킵니다.

사 용 법 : 멕시코와 브라질, 중국의 매운 음식에 사용하며 피클 등을 담가 먹기도 합니다.

할라피뇨(Jalapeño)

맛 과 향 : 청양고추와 비슷한 맛으로 먹고 나면 서서히 매운맛을 내며 육질이 두껍고 아삭합니다.

일 반 정 보 : 멕시코의 대표 고추로 스코빌지수가 2,500~8,000SHU 정도 되는 매운맛을 가지고 있습니다.

효능 · 효과 : 비타민B6와 C가 풍부하고 신진대사를 촉진시키지만, 과민성대장증후군을 앓고 있는 사람은 피하는 것이 좋습니다.

사 용 법 : 피클이나 장아찌로 만들고, 매운맛을 내는 음식에 넣습니다.

대 체 식 품 : 청양고추

호미니(Hominy)

맛 과 향 : 쫀득함은 없지만 구수한 맛의 옥수수입니다.

일 반 정 보 : 닉스타말화 과정을 거친 옥수수로, 말려서 가루로 만들면 마사 하리나가 됩니다.

효능 · 효과 : 엽산이 조금 부족해서 가루로 만들 때는 엽산을 보충해서 넣는 경우가 많습니다.

사 용 법 : 라틴아메리카 음식에 많이 쓰이며 수프, 빵에 넣어 먹습니다.

아히 아마리요(Aji amarillo)

맛 과 향 : 오렌지색의 과일 향을 가진 남미의 매운 고추로 페루에서 많이 사용됩니다.

일 반 정 보 : 스페인어로 '아히'는 고추, '아마리요'는 노란색을 의미하며 이름 그대로 노란색 고추입니다. 스코빌지수는 30,000~50,000SHU로 할라피뇨보다 10배 정도 더 맵습니다. 우리나라 고추장이나 고춧가루처럼 아히 아마리요 역시 소스와 가루 형태로도 판매되어 편하게 사용할 수 있습니다.

효능 · 효과 : 신진대사를 촉진합니다. 다만 과민성대장증후군을 앓고 있는 사람은 양을 줄여서 사용하도록 합니다.

사 용 법 : 씨를 제거하고 다져서 페루 등 남미 음식에 매운 향신료로 사용합니다.

대 체 식 품 : 하바네로 고추, 스카치 보네 고추, 파프리카 + 청양고추

소스

몰레 소스(Mole sauce)

맛 과 향 : 고추에 과일과 초콜릿을 넣어 만든 진하고 걸쭉한 소스로 5가지 맛을 느낄 수 있습니다.

일 반 정 보 : 몰레(mole)는 중남미 고대어로 '믹스(mix)', 인디언 언어로는 '소스'라는 의미를 가지고 있습니다. 살사 소스와 함께 멕시코의 전통 소스로 많게 는 60가지 이상의 재료가 들어갑니다.

사 용 법 : 고기나 채소에 뿌려서 밥이나 토르티야와 함께 곁들여 먹습니다.

치폴레 아도보(Chipotle in Adobo), 치폴레 소스

맛 과 향 : 그냥 먹으면 맵지만 음식에 넣으면 풍미를 좋게 만듭니다.

일 반 정 보 : 마치 우리나라에서 고추장에 고추를 박아둔 것과 같이 아도보 소스에 치폴레 칠리를 넣어 만든 통조림입니다. 치폴레 칠리와 아도보 소스는 각각 따로 사용해도 좋고 함께 갈아 사용해도 좋습니다.

사 용 법 : 멕시코 음식에서 고추를 넣는 요리에 사용하면 깊은 맛이 납니다.

타진(Tajin)

맛 과 향 : 매우면서도 상큼한 맛이 나는 시즈닝입니다.

일 반 정 보 : 칠리, 라임, 소금이 섞여있는 멕시코의 가장 일반적인 양념입니다.

사 용 법 : 타코 시즈닝으로도 사용할 수 있고, 살사에 뿌리면 멕시코의 맛을 느낄 수 있습니다.

타코 시즈닝(Taco seasoning)

맛 과 향 : 칠리파우더와 파프리카가루, 쿠민 등 다양한 향신료가 섞여 적절한 매운맛을 냅니다.

일 반 정 보 : 멕시코에서 많이 쓰이는 향신료가 모두 들어가 있기 때문에 사용하기 간편하며 적은 양으로도 쉽게 멕시코의 맛을 재현할 수 있습니다.

사 용 법 : 타코 류의 음식을 만들 때, 고기 양념에 사용합니다.

핫소스(Hot sauce)

맛 과 향 : 칠리가 주재료이며 매운맛이 특징입니다.

일 반 정 보 : 어떤 색, 어떤 종류의 칠리를 사용해 만드냐에 따라 소스의 색이 달라
집니다. 할라피뇨로 만들면 초록색 핫소스, 하바네로로 만들면 주황색
핫소스를 만들 수 있습니다.

효능 · 효과 : 캡사이신이 식욕을 증진시키고 소화기능과 혈액순환을 돕지만, 위산을
촉진할 수 있으니 적당량 섭취하도록 합니다.

사 용 법 : 매운맛을 원하는 곳에 뿌려 먹습니다.

칵테일

그레나딘 시럽(Grenadine syrup)

맛 과 향 : 석류 과즙을 주재료로 만든 무알콜의 붉은색 시럽입니다.

일 반 정 보 : 석류의 프랑스어 'grenade'에서 이름이 붙여진 달콤한 시럽으로 석류
과즙과 설탕, 물을 섞어서 만듭니다.

사 용 법 : 칵테일의 재료로 많이 쓰이며 무알콜 음료의 붉은색을 낼 때도 사용됩
니다.

테킬라(Tequila)

맛 과 향 : 투명한 알코올로 40도 정도 되는 멕시코의 전통술입니다.

일 반 정 보 : 멕시코 용설란(blue agave plants)의 수액을 채취하면 걸쭉한 '풀케'라
는 탁주가 되는데 이것을 증류한 술입니다.

사 용 법 : 손등에 소금을 올려놓고 핥으며 마시기도 하고, 마르가리타(p.292~
295)를 만드는 재료로 사용하기도 합니다.

럼주(Rum)

맛 과 향 : 증류주 중 하나로 노란빛을 띠는 골드 럼과 무색의 실버 럼이 있습니다.

일 반 정 보 : 당밀이나 사탕수수를 원료로 발효시켜서 증류한 술로 '해적의 술'이라고 불리기도 합니다.

사 용 법 : 주로 칵테일을 만들 때 사용하지만, 빵이나 쿠키를 만들 때 달걀의 비린맛을 없애기 위해 사용하기도 합니다.

클럽 소다(Club soda)

맛 과 향 : 무향 무취의 톡 쏘는 탄산수입니다.

일 반 정 보 : 청량음료의 한 가지이며 이산화탄소의 포화 수용액으로 만들고 감미료나 향료를 넣기도 합니다.

사 용 법 : 모히토(p.296)와 같이 탄산의 청량함이 가득한 칵테일을 만들 때 주로 사용하지만, 육류에 넣으면 고기의 누린내를 잡고 육질도 부드럽게 하며 튀김 반죽에 넣으면 튀김을 바삭하게 만듭니다. 또한 옷에 묻은 얼룩이나 찌든 때도 제거할 수 있습니다.

트리플 섹(Triple sec)

맛 과 향 : 단맛에 오렌지 향이 나는 증류주입니다.

일 반 정 보 : 트리플 섹은 세 번 증류하여 제조했다는 의미로 정성들여 만든 큐라소(curacao, 오렌지로 만든 리큐르)의 대표적인 제품입니다. 말린 오렌지 껍질을 알코올에 24시간 이상 담가 증류한 술입니다.

사 용 법 : 칵테일에 넣기도 하고 식후에 디저트로 마시기도 합니다.

사용도구 및 계량방법

믹서

식품을 곱게 갈아서 물처럼 만들 때 사용합니다. 물과 같은 액체를 넣고 같이 갈아야 곱게 갈리며 음료나 고운 소스를 만들 때 사용하는 도구입니다.

푸드 프로세서

많은 양의 재료를 잘게 자르거나, 다지거나, 갈 수 있는 도구로 믹서와 비슷하지만 재료를 액체 형태로 완전히 갈 수는 없습니다. 절구와 공이를 대신할 수 있는 유용한 도구입니다.

절구와 공이(Molcajete)

'몰카헤트'라 불리는 절구와 공이는 과카몰리(p.70)를 만들 때 아보카도를 으깨는 도구입니다. 식품을 다질 때 사용하지만, 많은 양을 준비할 때는 푸드 프로세서를 사용하는 것이 좋습니다.

토르티야 프레스

'토르티야(p.314)'나 '토스토네스(p.54)' 등을 만들 때 필요한 도구로, 반죽을 도구의 가운데에 넣고 누르면 납작하고 둥근 모양으로 만들어집니다.

계량스푼

1Ts(Table spoons, 큰 술)은 15ml이고, 1ts(tea spoons, 작은 술)은 5ml입니다.
가루를 계량할 때는 흔들지 말고 한번에 떠서 사용하며, 스푼의 위로 올라오는 부분
은 깎아서 사용합니다.

계량컵

한국은 200ml가 한 컵이지만, 미국은 240ml가 한 컵입니다.
요즘은 미국의 pyrex 제품을 계량컵으로 많이 사용하기 때문에 240ml를 한 컵으로
표시했습니다.

저울

음식을 정확하게 만들기 위해서 필요한 도구로 특히 제과제빵에 필수 도구입니다.
g, ml, oz 등 다양한 측정이 가능하기 때문에 전 세계의 요리를 조금 더 편하고 정확
하게 만들 수 있습니다.

Chapter 1 | APPETIZER
전채요리

BACALAITOS(COD FRITTER)
바칼라이토스 / 어묵 [포르투갈, 푸에르토리코]

🥣 6인분 🍴 25분 🍲 20분

영양성분(100g) … 열량 200.2kcal, 탄수화물 17.0g, 단백질 14.8g, 지방 7.8g

바칼라이토스는 소금에 절인 동태(bacalau)를 이용해 만든 어묵으로 포르투갈에서는 동그란 모양으로 튀겨서 먹고, 푸에르토리코에서는 얇게 전처럼 부쳐서 먹는 음식입니다. 한국에서는 적당히 절인 동태를 쉽게 구할 수 없으므로 일반 동태를 이용해 건강하게 만드는 방법을 소개하겠습니다.

〈바칼라이토스〉
동태 400g(찐 후에 275g)
소금 1/2Ts
양파 1/2개(100g)
파프리카 1개(100g)
다진 고수 or 다진 파 4Ts
* 다진 마늘 1/2Ts

〈반죽〉
중력분 1컵(120g)
소금 1/2ts
후추 1/4ts
베이킹파우더 1/2Ts
* 세이즌 시즈닝 or 타코 시즈닝(p.310) 1/2ts
물 3/4컵(180ml)
달걀 1개

튀김용 식용유 적당히

〈레몬 마요네즈〉
마요네즈 1/2컵(84g)
꿀 1Ts
레몬즙 1Ts
레몬제스트 1/4~1/2ts
다진 마늘 1/2ts
소금 1꼬집

1. 동태를 실온에서 녹인 다음 소금을 뿌리고, 바로 물이 팔팔 끓는 찜기에 올려 뚜껑을 덮고 12분간 찝니다.

2. 찐 동태는 잘게 자르거나 으깨고 양파, 파프리카, 고수는 5mm 이하로 잘게 다집니다.

3. 볼에 중력분, 소금, 후추, 베이킹파우더, 시즈닝을 넣고 물을 부어 덩어리가 없도록 잘 섞습니다.

4. 반죽에 달걀을 넣어 잘 섞은 다음, 2의 동태와 채소를 넣고 섞습니다.

5. 숟가락 2개를 이용해 반죽을 동그랗게 만들고 170℃/340℉로 달군 식용유에 넣어 노릇노릇하게 튀기면 완성입니다.

6. 작은 볼에 분량의 레몬 마요네즈 재료를 모두 넣어 섞은 다음 5의 바칼라이토스와 곁들여 먹습니다.

COOK's TIP

- 소금에 절인 동태(bacalau)를 사용해서 만들 경우, 동태를 물에 넣어서 3시간, 물을 바꿔서 3시간, 우유에 넣어서 3시간, 총 9시간 정도 담가 염분을 충분히 뺀 다음 소금을 뿌리지 않은 상태로 찜기에 쪄서 요리합니다.
- 레몬이 생선의 비린내를 잡아주기 때문에 레몬 마요네즈와 함께 곁들이면 좋습니다. 레몬 마요네즈 대신 매콤한 맛의 드레싱과 같이 먹어도 좋습니다.

SHRIMP SCALLOP CEVICHE

슈림프 스캘럽 세비체 /
새우 + 관자 물회 샐러드 [페루]

🍚 4인분　🍴 1시간　🍲 20분

영양성분(100g) ⋯ 열량 93.4kcal, 탄수화물 3.9g, 단백질 8.0g, 지방 5.2g

세비체(cebiche, ceviche)는 신선한 해산물과 채소로 만드는 샐러드로, 페루 등 대부분의 라틴아메리카에서 즐겨먹는 페루식 물회입니다. 해산물을 라임즙이나 레몬즙에 살짝 재워 쫄깃하게 만든 후 아삭한 채소와 함께 먹는 음식으로 시원한 맛이 일품입니다.

〈슈림프 스캘럽 세비체〉

새우 + 관자 450g
라임즙(라임大 8~10개 분량) 1~1¼컵(240~300ml)
토마토 1컵(200g)
오이 1개(1컵, 200g)
아보카도 1개

적양파 1/4개(50g)
고수 1~2Ts(5g)
세라노 칠리 or 할라피뇨 2~3Ts(40g)
올리브오일 2Ts
소금 1/4ts

1. 새우와 관자 등의 해산물은 깨끗하게 손질하고 물기를 닦은 다음 한입 크기로 자릅니다. 자른 해산물을 볼에 담고 라임즙을 넣어 30분~1시간 정도 냉장고에서 숙성시킵니다.

2. 토마토, 오이, 아보카도는 1cm 크기로 깍둑썰고, 양파는 얇게 채 썰어서 물에 담가 아린 맛을 제거합니다. 고수와 세라노 칠리는 잘게 다지고 올리브오일도 준비합니다.

3. 1에서 숙성시킨 새우와 관자를 체에 거르고, 남은 라임즙에 올리브오일과 소금을 넣어 간을 맞춥니다.

4. 간을 한 라임즙에 2의 채소를 넣어 섞다가 3에서 건져둔 새우와 관자를 넣고 한 번 더 섞으면 완성입니다.

COOK's TIP

- 일반 생새우를 라임즙에 넣으면 새우가 붉게 변합니다. 생새우를 구하기 어렵다면 칵테일 새우를 사용해도 되고, 횟감용 다른 생선으로 만들어도 좋습니다.
- 해산물을 라임즙에 너무 오래 담가두면 살이 단단해져서 맛이 떨어지기 때문에 숙성은 1시간을 넘지 않도록 합니다.

TUNA CEVIECHE
튜나 세비체 / 참치 물회 샐러드 [페루]

🍲 4인분　🍴 1시간　🍳 20분

영양성분(100g) … 열량 86.8kcal, 탄수화물 5.9g, 단백질 13.5g, 지방 1.9g

참치나 연어, 광어와 같은 횟감용 회를 깍둑썰기해 만드는 세비체입니다. 회를 세비체로 만들면 간장이나 고추냉이, 초고추장이 없어도 회를 맛있게 먹을 수 있습니다.

〈튜나 세비체〉
참치 or 연어 등 횟감용 회 400g
라임즙(라임大 5∼6개 분량) 2/3컵(160ml)
오렌지즙 1/3컵(80ml)
다진 토마토 1/2컵(100g)

적양파 1/4개(50g)
옥수수통조림 1/2컵(120g)
할라피뇨 or 하바네로 1Ts(15g)
고수 3Ts(10∼15g)
* 양상추 or 시금치 약간

1. 참치는 깨끗하게 손질해 물기를 닦은 후 한입 크기로 깍둑썰고, 라임즙과 오렌지즙을 섞은 볼에 넣어 30분~1시간 정도 냉장고에서 숙성시킵니다.

2. 토마토는 0.5cm 크기로 깍둑썰고, 양파는 잘게 다진 다음 물에 넣어 아린 맛을 제거해 건져 놓습니다. 옥수수통조림은 옥수수만 건져 준비하고 할라피뇨와 고수는 잘게 다집니다.

3. 1에서 숙성시킨 참치는 체에 걸러두고, 남은 라임즙과 오렌지즙에 2의 채소를 넣어 섞은 다음 참치를 넣고 한 번 더 섞으면 완성입니다.

COOK's TIP

- 라임이나 오렌지즙은 레몬이나 자몽즙으로 대신할 수 있습니다. 단, 생과일로 만들 경우 하얀 속껍질이 들어가면 쓴맛이 날 수 있으니 껍질을 완전히 제거하고 만들거나 과일주스를 이용합니다.
- 참치 이외에 다른 생선을 사용해도 좋지만 반드시 '횟감용 회'를 사용해야 합니다.

ACARAJÉ & VATAPÁ
아카라제 & 바타파 /
콩 튀김과 해산물코코넛소스 [브라질, 서아프리카]

🍲 40~45개 🍴 3시간 🍲 40분

아카라제 / 영양성분(100g) … 열량 178.5kcal, 탄수화물 15.3g, 단백질 7.7g, 지방 11.2g
바타파 / 영양성분(100g) … 열량 236.9kcal, 탄수화물 16.8g, 단백질 8.7g, 지방 15.1g

아카라제는 브라질과 서아프리카의 음식으로 길거리에서도 흔히 찾아볼 수 있는 대표 간식입니다. 동부콩 반죽을
기름에 튀긴 아카라제에 해산물과 코코넛밀크를 넣어 만든 바타파를 발라 새우나 살사를 곁들여 먹는 음식으로
채식주의자들에게 아주 인기가 많습니다.

〈아카라제〉
동부콩 450g(손질 후 830g)
양파 400g
소금 1ts
물 200~220ml

튀김용 식용유 or 팜유 적당히
* 양파 1/2개

〈바타파〉
맛살 or 새우, 황태 200g
건새우 1/2컵(20g)
캐슈넛 70g
볶은 땅콩 70g
양파 1/2개(110g)
다진 파 1/2컵(50g)
마늘 2쪽
생강 1개(2cm)
건고추 2~3개
코코넛밀크 400ml
식빵 8~9쪽(200g)
팜유 or 옥수수유, 올리브유 3Ts

〈곁들임 재료〉
새우 40~45개
살사 1컵

1. 동부콩은 깨끗한 물로 3~4번 박박 씻어서 불순물을 제거하고, 2~6시간 정도 물에 불린 다음 푸드 프로세서에 넣어 굵게 갈아줍니다.

2. 커다란 볼에 굵게 간 콩과 물을 붓고 손으로 휘휘 저어 콩 껍질을 떠오르게 한 다음 조심히 따라냅니다. 같은 방법을 여러 번 반복해서 콩 껍질을 제거합니다.

3. 믹서에 껍질을 제거한 콩과 큼직하게 썬 양파, 소금, 물을 붓고 곱게 갈아 반죽을 만듭니다.

4. 반죽을 볼에 붓고 거품기나 나무주걱으로 1분간 저어 반죽이 2배로 불어나도록 만듭니다.

5. 냄비에 튀김용 식용유와 양파를 넣고 180℃/350℉로 달군 다음, 4의 반죽을 한 숟가락씩 떠 넣어 앞뒤로 3분간 노릇노릇하게 튀깁니다. 튀긴 아카라제는 키친타월 위에 올려 기름을 빼둡니다.

6. 바타파에 들어갈 재료를 준비합니다. 이때 건새우는 물에 30분 정도 불려서 부드럽게 만든 후 물기를 빼고, 식빵은 가장자리를 잘라 준비합니다.

7. 6의 모든 재료를 믹서에 넣고 곱게 갈아 바타파를 만듭니다.

8. 5의 아카라제에 7의 바타파를 올리고 취향에 따라 새우나 살사 등을 올리면 완성입니다.

COOK's TIP

- 동부콩 대신 검은콩이나 대두를 사용해도 좋습니다. 콩을 가는 과정이 번거롭다면 비지로 만들어도 좋은데, 이 경우에는 밀가루를 조금 넣어 농도를 맞춥니다.
- 식용유에 양파를 넣고 함께 튀기면 기름의 향이 좋아지고 콩의 비린맛을 잡아 더욱 맛있게 만들 수 있습니다.
- 아카라제를 크게 만들어 반으로 자른 다음 안에 소스를 발라 햄버거처럼 만들어도 좋습니다. 단 익히는 시간이 조금 오래 걸립니다.
- 바타파를 만들 때 팜유(palm oil)를 사용하면 좀 더 붉은색의 소스를 만들 수 있습니다. 팜유를 넣지 않고 붉은색 소스를 만들고 싶다면 토마토 소스를 조금 넣으면 됩니다.

EMPANADA
엠빠나다 / 튀긴 만두 [멕시코, 칠레, 아르헨티나]

🍲 24~30개   🍴 30분   🍲 1시간

영양성분(100g) ··· 열량 291.3kcal, 탄수화물 23.2g, 단백질 13.4g, 지방 15.9g

스페인 북부에서 유래되었지만 멕시코, 칠레, 아르헨티나 등의 라틴아메리카에서 주로 먹는 음식으로 우리나라의 만두와 비슷한 '속을 채워 굽거나 튀긴 빵'입니다. 나라마다 재료나 크기와 모양이 다르며, 엠빠나다 속에 과일을 채워 만들면 훌륭한 디저트가 되기도 합니다.

〈도우〉
중력분 2¼ 컵(270g)
베이킹파우더 1/2Ts
소금 1¼ts
설탕 1ts
차가운 무염버터 1/2컵(112g)
달걀 1개
차가운 물 80ml
식초 1Ts

〈속재료〉
굵게 다진 소고기 500g
소금 1~1.5ts
후추 1/4ts
식용유 3Ts
다진 양파 1컵(170g)
* 초리조(p.313) 2Ts
다진 마늘 1Ts
다진 감자 1개(150g)
쿠민 1ts
칠리파우더 1ts

오레가노 1ts
카옌페퍼 or 고춧가루 1/4ts
토마토 페이스트 2Ts
* 치폴레 칠리 1Ts
육수(소고기, 다시마/p.318) or 물 4Ts

〈달걀물〉
달걀노른자 1개 + 물 1Ts

오일스프레이

1. 볼에 체 친 중력분과 베이킹파우더, 소금, 설탕을 넣고 섞다가 차가운 무염버터를 잘게 잘라 넣고 버터가 콩알보다 작아질 때까지 스크래퍼로 자르면서 섞습니다.

2. 계량컵에 달걀과 차가운 물, 식초를 넣고 잘 섞은 다음 1에 부어 날가루가 없어질 때까지 치댑니다.

3. 잘 치댄 반죽을 한 덩어리로 만들고 수분이 날아가지 않도록 위생봉투로 감싼 뒤, 냉장고에 넣어 1시간 이상 숙성 시킵니다.

4. 그 사이에 속재료를 만듭니다. 볼에 굵게 다진 소고기와 소금, 후추를 넣고 조물조물 섞은 다음 10분간 재웁니다.

5. 달군 팬에 식용유를 두르고 4의 소고기를 넣어 물기가 없고 갈색이 되도록 중불 이상에서 볶습니다. 그다음 다진 양파와 초리조를 넣어 양파가 투명해질 때까지 7분간 익힙니다.

6. 양파가 다 익으면 다진 마늘과 감자, 쿠민, 칠리파우더, 오레가노, 카옌페퍼를 넣고 골고루 섞어가며 2분간 볶습니다.

7. 토마토 페이스트와 치폴레 칠리를 넣고 골고루 섞습니다.

8. 7에 육수를 붓고 2분간 저으며 끓이다가 뚜껑을 덮은 다음 고기에 수분이 충분히 배도록 약불로 끓여 속재료를 만듭니다.

9. 바닥에 분량 외의 중력분을 뿌리고 3에서 냉장고에 넣어 숙성시킨 반죽을 꺼내 얇게 밉니다.

10. 민 반죽을 주전자 뚜껑이나 컵으로 찍어 동그란 모양의 도우를 만듭니다. 만두피를 만든다고 생각하면 쉽습니다.

11. 도우 위에 8의 속재료를 1~2Ts 정도 올립니다. 도우를 반으로 접어 만들 예정이니 속재료는 가운데를 중심으로 약간 위쪽에 올립니다.

12. 도우를 반으로 접어 성형합니다. 가장자리를 바깥에서 안쪽으로 접은 다음 누르면서 밀어 붙이거나, 포크로 눌러 모양을 냅니다.

13. 모양을 잡은 엠빠나다에 달걀노른자와 물을 섞어 바르고 오일스프레이를 뿌린 다음, 190℃/375℉로 예열한 오븐에서 20분간 구우면 완성입니다.

COOK's TIP

- 3번 과정에서 반죽은 냉장실에 넣어 이틀까지 보관 가능합니다.
- 곱게 다진 고기보다는 carne picada(얇게 저민 고기)처럼 어느 정도 육질이 씹히는 고기를 넣어야 씹는 맛을 느낄 수 있습니다.
- 초리조는 생략 가능합니다. 만약 초리조를 넣지 않을 경우 고기를 재울 때 소금을 1.5ts 정도 넣습니다.
- 멕시코의 엠빠나다의 경우 치폴레 칠리를 넣지만, 스페인이나 다른 남미에서는 칠리 없이 그냥 만들기도 합니다. 취향에 따라 선택하면 됩니다.
- 반죽에 베이킹파우더를 넣으면 페이스트리 같은 식감을 만들 수 있고, 달걀물을 바르면 더욱 노릇하고 맛있게 구워집니다. 만약 오븐이 없다면 겉면이 노릇해질 때까지 기름에 튀겨도 좋습니다.
- 시중에 판매하는 '엠빠나다 도우'를 사용하면 더욱 편리합니다.

ELOTE
일로테 / 옥수수 치즈구이 [멕시코]

4인분   15분   5분

영양성분(100g) … 열량 210.0kcal, 탄수화물 29.9g, 단백질 6.1g, 지방 12.0g

스페인어로 '옥수수'를 뜻하는 일로테는 멕시코의 인기 길거리 음식입니다. 원래는 옥수수를 바비큐 그릴에 구워 판매하지만, 집에서는 옥수수를 쪄서 쉽게 만들 수 있습니다. 옥수수로 만드는 또 다른 길거리 음식으로는 마른 옥수수를 찐 후, 버터에 튀겨서 만드는 에스콰이츠(esquites)가 있습니다.

〈일로테〉
초당옥수수 4개
마요네즈 or 녹인 버터 4Ts
칠리파우더 or 고춧가루(앤초 or 과히요) 1ts
코티하 치즈(케소 프레스코) or 파마산 치즈 4Ts
* 라임 1개
* 고수 약간

1. 옥수수의 겉껍질을 벗겨내고 속껍질은 5~6겹 정도 남긴 다음 가위로 끝부분의 수염을 잘라 찜기에 넣고 15분간 찝니다.

2. 찐 옥수수의 껍질을 반으로 나눠서 양쪽으로 벗긴 후 수염을 제거하고 껍질은 아래쪽에서 묶어줍니다.

3. 옥수수 1개에 마요네즈 1Ts을 골고루 바릅니다.

4. 그 위에 칠리파우더와 으깬 코티하 치즈나 파마산 치즈를 골고루 뿌리면 완성입니다. 취향에 따라 라임즙과 다진 고수를 뿌려도 좋습니다.

COOK's TIP

- 옥수수를 찔 때는 속껍질과 수염을 같이 쪄야 더 고소하고 맛있습니다. 또한 물에 담가 삶는 것보다 삼발이를 놓고 찌는 것이 수용성비타민의 손실을 막을 수 있습니다.
- 옥수수를 오래 보관해야 한다면 껍질을 벗겨 보관합니다. 만약 껍질이 있는 상태로 오래 보관하면 곰팡이가 생길 수 있으며, 독소가 발생해 식도암을 유발할 수도 있습니다.
- 일로테에는 마요네즈를 가장 많이 발라먹는데, 취향에 따라 버터나 식용유, 사워크림, 멕시칸 크림을 바르기도 합니다.
- 찌지 않고 구울 경우 중불의 그릴에서 7~10분간 돌려가면서 구우면 됩니다.

CHILE RELLENO
칠리 리에노 / 고추전 [멕시코]

🍚 4인분 🍴 25분 🍲 22분

영양성분(100g) … 열량 167.0kcal, 탄수화물 8.2g, 단백질 12.9g, 지방 9.6g

우리나라의 고추전과 비슷한 칠리 리에노는 풋고추 정도의 매운맛을 가진 '포블라노 칠리(poblano)'에 치즈를 넣어 튀긴 멕시코의 전통 음식입니다. 과테말라에서는 '피멘토(pimento)'라고 불리는 체리고추에 다진 돼지고기와 채소를 넣어 만들기도 하며, 피망이나 일반 풋고추, 청양고추로도 만들 수 있습니다.

〈칠리 리에노〉
포블라노 칠리 or 피망, 풋고추, 청양고추 4개
케소 프레스코 or 페타 치즈, 모차렐라 200g
모차렐라 or 몬테리 잭 치즈 100g

달걀 4개
소금 1/2ts
중력분 약간
튀김용 식용유 적당히

〈토마토 살사 소스〉
(매운)토마토 살사(p.77) 1컵(240g)
닭육수(p.317) or 다시마육수(p.318) 2/3컵(160ml)
식용유 or 버터 1Ts
중력분 3Ts

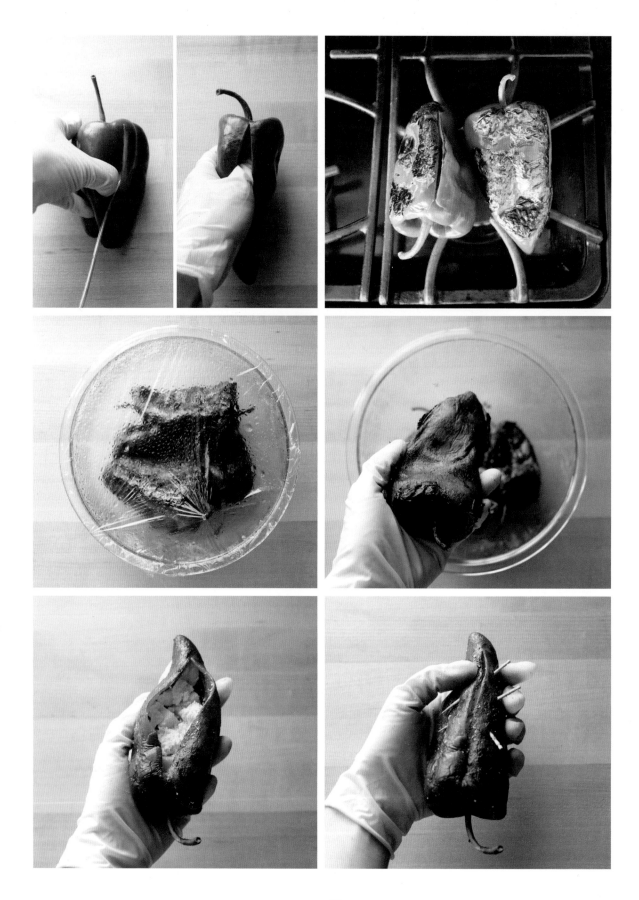

1. 포블라노 칠리의 끝을 2cm 정도 남기고 옆을 길게 가른 다음, 틈을 이용해 손이나 숟가락으로 꼭지에 붙어 있는 씨를 모두 제거합니다.

2. 씨를 제거한 칠리를 불 위에 바로 올려서 껍질이 검게 변할 때까지 돌려가며 굽습니다.

3. 구운 칠리를 볼에 넣고 랩으로 덮어 2분간 놔둡니다. 이렇게 하면 습기가 생겨 껍질이 잘 벗겨집니다.

4. 칠리의 겉면을 키친타월로 살짝 문질러 껍질을 벗깁니다.

5. 케소 프레스코를 손으로 살짝 으깬 다음 칠리의 양 끝에 넣고, 가운데에는 모차렐라를 1cm 크기로 깍둑썰어 넣습니다. 남은 부분은 케소 프레스코로 채웁니다.

6. 치즈를 다 채운 다음 이쑤시개를 사용해 칠리가 벌어지지 않도록 고정합니다.

7. 달걀을 흰자와 노른자로 나눈 후 볼에 흰자만 넣고 짧은 뿔이 생길 때까지 휘핑해 머랭을 올립니다.

8. 머랭에 달걀노른자와 소금을 넣고 머랭이 꺼지지 않도록 잘 섞어 튀김옷을 만듭니다.

9. 6의 칠리에 중력분과 8의 머랭 튀김옷을 입힌 다음, 중불로 달군 식용유에 넣고 골고루 익혀 칠리 리에노를 만듭니다.

10. 토마토 살사 소스를 준비합니다. 토마토 살사에 닭육수를 붓고 믹서로 곱게 갈아줍니다.

11. 달군 팬에 식용유와 중력분을 넣고 볶아 루를 만듭니다.

12. 루에 10의 살사를 부은 다음 잘 저으며 끓이면 소스가 완성됩니다. 만든 토마토 살사 소스는 9의 칠리 리에노와 함께 곁들이면 됩니다.

COOK's TIP

- 멕시코에서는 케소 프레스코만 넣어 만들지만, 모차렐라를 깍둑썰어 넣으면 만들기도 편하고 맛있습니다. 만약 케소 프레스코가 없다면 페타 치즈와 섞거나 모차렐라만 넣어 만들어도 좋습니다.
- 포블라노 칠리를 튀길 때는 프라이팬에 칠리가 반 이상 잠길 정도로 식용유를 붓고 튀겨야 튀김옷의 모양이 예쁘게 만들어집니다.
- 일반적으로는 토마토 살사 소스를 만들어서 부어 먹지만, 그냥 살사와 함께 먹어도 맛있습니다. 튀긴 음식이기 때문에 조금 매운맛의 살사를 추천합니다.
- 완성된 칠리 리에노에 소스를 부을 때는 6번 과정에서 꽂은 이쑤시개를 뺀 다음 붓도록 합니다.

TAQUITO(FLAUTAS)
타키토 / 타코 군만두 [멕시코]

 6인분 15분 20분

영양성분(100g) ··· 열량 255.2kcal, 탄수화물 24.7g, 단백질 16.2g, 지방 11.1g

스페인어로 '작은 타코'라는 뜻을 가지고 있는 타키토는 토르티야에 속을 채워 튀기는 군만두 같은 음식입니다.
주로 입맛을 돋우는 전채요리로 많이 먹으며 속에 닭고기와 새우 등 다양한 재료를 넣어 만들 수 있습니다.

〈타키토〉
삶은 닭가슴살(엔칠라다 참고/p.210) 1¼컵(150g)
새우 150g
식용유 1~2ts
양파 2/3개(150g)
다진 마늘 1Ts
할라피뇨 or 청양고추 1개(3Ts)
토마토 1개(130g)
쿠민 1/2ts or 타코 시즈닝(p.310) 1ts
다진 고수 2~3Ts(15g)
멕시칸 스타일 치즈 1.5컵 or 체더 치즈 84g + 몬테리 잭 치즈 42g

마사 토르티야(p.315) 12~15장
튀김용 식용유 적당히

〈곁들임 재료〉
채 썬 양상추
다진 토마토 or 살사
과카몰리(p.70)
사워크림

1. 삶은 닭가슴살은 잘게 찢고, 새우는 반으로 포를 떠 준비합니다. 그 밖의 채소는 모두 얇게 썰거나 잘게 다져서 준비합니다.

2. 달군 팬에 식용유를 두른 후 채 썬 양파와 다진 마늘, 할라피뇨를 넣고 양파가 투명해질 때까지 중불 이하에서 볶다가, 다진 토마토를 넣고 볶습니다.

3. 토마토의 물기가 줄어들 정도로 익으면 쿠민을 넣고 섞은 다음 볼에 덜어둡니다.

4. 같은 팬에 새우를 넣고 새우의 물기가 마를 정도로 굽습니다.

5. 잘게 찢은 닭가슴살과 구운 새우를 각각 다른 볼에 넣은 후 3의 볶은 채소를 반으로 나눠 담습니다. 다진 고수와 치즈도 반반씩 나눠 담은 다음 골고루 섞어 두 가지 종류의 소를 만듭니다.

6. 마사 토르티야를 2장씩 겹쳐서 달군 식용유에 아주 살짝 튀깁니다.

7. 튀긴 토르티야 위에 5의 소를 2Ts씩 넣어 돌돌 말고, 소가 튀어나오지 않도록 이쑤시개로 가운데를 고정시킵니다.

8. 180℃/350°F로 달군 식용유에 7을 넣고 앞뒤로 돌려가며 겉이 바삭하게 익을 때까지 튀기면 완성입니다.

COOK's TIP

- 닭가슴살은 물 400ml, 닭가슴살 200g, 소금 1/2ts, 후추 1/8ts, 셀러리 1대 or 월계수잎 1개를 넣고 삶아 준비합니다. 엔칠라다(p.210)를 참고하면 좋습니다.
- 토르티야를 프라이팬에 구우면 수분이 날아가서 돌돌 말 때 찢어지는 경우가 있으니, 반드시 기름에 넣고 살짝 튀겨 부드럽게 만들도록 합니다.
- 기름을 적게 드시고 싶다면 7번 과정의 타키토에 오일스프레이를 뿌리고 220℃/425°F로 예열한 오븐에서 15~20분간 구우면 됩니다.
- 소는 닭고기나 새우 한 종류로만 만들어도 좋습니다. 이 경우 닭고기나 새우의 양을 2배로 늘립니다.
- 완성된 타키토는 이쑤시개를 제거한 다음 양상추나 다진 토마토, 과카몰리, 사워크림 등을 곁들이면 더욱 좋습니다.

TOSTONES
토스토네스 / 바나나 튀김 [라틴 전역]

4인분 　 2분 　 20분

영양성분(100g) ··· 열량 287.7kcal, 탄수화물 33.8g, 단백질 1.1g, 지방 16.3g

'토스토네스(tostones)'나 '파타콘(patacón)'이라고 불리는 이 음식은 바나나를 닮은 플라타노(plátano)를 두 번 튀겨서 만드는 요리로 라틴아메리카 전역에서 사랑받는 전채요리이자 간식입니다. 바나나처럼 생겼지만 바나나보다 크고 껍질이 두꺼우며, 고구마 맛이 나기 때문에 고구마로 대체해 만들어도 좋습니다.

〈토스토네스〉
플라타노 2개
튀김용 식용유 적당히
굵은 소금 약간
* 라임
* 칠리소스

1. 플라타노의 양 끝을 자르고 위에서 아래로 껍질에만 칼집을 냅니다.

2. 껍질을 손으로 벗긴 다음 2.5cm 정도로 6등분합니다.

3. 식용유를 중약불에서 165℃/325℉로 달군 다음 자른 플라타노를 넣고 노릇노릇해질 때까지 3~4분간 튀깁니다. 튀긴 플라타노는 키친타월에 올려 기름을 제거합니다.

4. 기름을 뺀 플라타노를 위생봉투 사이에 놓고 밑이 평평한 접시로 눌러 5mm 정도의 두께가 되도록 납작하게 만듭니다.

5. 중불 이상에서 190℃/375℉로 달군 식용유에 4를 넣고 3분간 튀겨 노릇노릇하게 만듭니다.

6. 접시에 굵은 소금을 뿌리고 잘 튀겨진 플라타노를 올린 다음, 라임을 뿌리거나 칠리소스와 함께 곁들이면 완성입니다.

COOK's TIP

- 1차로 튀긴 플라타노는 원래 전용 누름틀이나 토르티야 프레스를 이용해 누르는데, 집에서는 간단하게 밑이 평평한 접시로 눌러도 됩니다.

CAZON EN ADOBO
까손 엔 아도보 / 생선 튀김 [스페인, 칠레]

🍚 4인분 🍴 15분 🍲 5분

영양성분(100g) ··· 열량 80.0kcal, 탄수화물 4.6g, 단백질 6.6g, 지방 3.8g

스페인과 칠레에서 먹는 생선요리로 생선을 양념한 다음 기름에 튀겨 만드는 음식입니다. 17세기에는 상어류의 생선으로 만들었지만, 요즘에는 구하기 쉬운 흰살생선으로 만들어 먹습니다. 새콤하게 양념이 된 생선이 입맛을 돋우기 때문에 전채요리로 먹으면 아주 좋습니다.

〈까손 엔 아도보〉
뼈 없는 흰살생선 500g

〈양념〉
올리브오일 2Ts
식초 2Ts
물 2Ts
와인 or 맛술 1Ts
다진 마늘 1/2Ts
오레가노 1/2ts

쿠민 1/2ts
고춧가루 1/2ts
소금 1/2ts
후추 1/4ts
* 월계수잎 1개

〈튀김〉
튀김가루 or 밀가루 3/4컵
튀김용 식용유 적당히

1. 뼈 없는 흰살생선을 준비해 물기를 제거한 다음, 2.5~3cm 정도의 크기로 자릅니다.

2. 볼에 양념 재료를 모두 넣어 섞은 다음, 1의 생선을 넣고 4시간~반나절 정도 냉장고에 넣어 재웁니다. 이때 중간중간 한 번씩 뒤집어 양념이 고르게 배도록 합니다.

3. 2를 체에 걸러 생선만 건져냅니다.

4. 충분히 양념이 밴 생선을 키친타월에 올려 살짝 두들기며 물기를 제거합니다.

5. 볼이나 위생봉투에 튀김가루를 넣고 물기를 제거한 생선을 넣어 흔들면서 튀김가루를 입힙니다.

6. 중불 이상으로 달군 식용유에 5를 넣고 바삭해질 때까지 튀긴 후, 한 번 더 노릇노릇하게 튀기면 완성입니다.

COOK's TIP
• 완성된 까손 엔 아도보는 스리라차나 핫소스를 넣은 마요네즈와 같이 먹으면 더 맛있습니다.

PULPO AL OLIVO
폴포 알 올리보 / 문어 샐러드 [스페인, 페루]

🍚 2~3인분　🍴 5분　🍲 20분

폴포 알 올리보 / 영양성분(100g) … 열량 122.9kcal, 탄수화물 10.0g, 단백질 12.6g, 지방 2.5g
올리브 소스 / 영양성분(100g) … 열량 401.6kcal, 탄수화물 7.9g, 단백질 1.6g, 지방 42.0g

삶은 문어에 올리브 소스와 구운 감자를 곁들여 먹는 스페인과 페루의 요리입니다. 특히 페루에서는 대표적인 문어 요리로 꼽히는데, 맛도 맛이지만 만드는 방법이 어렵지 않아 한번 도전해 볼 만합니다.

〈폴포 알 올리보〉
감자 500g
올리브오일 or 식용유 1Ts
소금 1/2ts
후추 1/4ts

물 적당히
소금 약간
월계수잎 1개
자숙문어 300~400g

〈올리브 소스〉
블랙 올리브 30g
마요네즈 3Ts
라임즙 1Ts
엑스트라버진 올리브오일 1Ts
다진 마늘 1/2ts
* 디종 머스터드 1/4ts
* 썬드라이 토마토 1개
소금 약간
후추 약간

1. 감자는 한입 크기로 큼직하게 잘라 준비합니다. 그다음 달군 팬에 올리브오일, 감자, 소금을 넣고 중불 이상에서 감자를 돌려가며 노릇노릇하게 구운 후, 후추를 뿌립니다.

2. 냄비에 물과 소금, 월계수잎을 넣고 끓입니다. 물이 팔팔 끓으면 자숙문어를 넣고 뚜껑을 덮어 1분간 삶아서 부드럽게 만듭니다.

3. 삶은 문어를 한입 크기로 먹기 좋게 자릅니다.

4. 믹서에 올리브 소스 재료를 모두 넣고 곱게 갈아준 다음, 3의 문어 위에 올리고 1의 구운 감자를 곁들이면 완성입니다.

COOK's TIP

- 구운 감자에 후추를 뿌릴 때는 먹기 직전에 뿌리는 것이 건강에 좋습니다.
- 자숙문어가 아닌 생문어를 사용할 경우, 훨씬 더 오래 삶아야 합니다.
- 올리브 소스는 보라색 올리브인 페루산 보티하(botija)로 만드는 것이 가장 좋지만, 보티하가 없다면 블랙 올리브에 썬드라이 토마토를 섞어 만들어도 좋습니다.

TACU TACU
타쿠 타쿠 / 콩 빈대떡 [페루]

🍚 2~4인분　🍴 1시간　🍲 45분

타쿠 타쿠 / 영양성분(100g) ··· 열량 120.5kcal, 탄수화물 21.5g, 단백질 4.7g, 지방 3.7g
살사 크리올야 / 살사 영양성분(100g) ··· 열량 65.4kcal, 탄수화물 6.8g, 단백질 0.9g, 지방 4.3g

우리나라의 빈대떡과 비슷한 이 음식은 매콤한 맛이 매력적인 페루의 전통음식입니다. 비건을 위한 음식이기도 한 타쿠 타쿠는 콩과 밥을 넣어 만든 전으로 마치 바삭한 누룽지와 같은 맛이 나기도 합니다. 양파로 만든 살사 크리올야(salsa criolla)와 함께 먹으면 더욱 맛있습니다.

〈타쿠 타쿠〉
렌틸콩 or 통조림 콩, 삶은 녹두 2컵(400g)
소금 약간
찬밥 1.5~2컵(270~360g)

식용유 약간

〈반죽 양념〉
식용유 1Ts
적양파 1개
다진 마늘 1Ts(3쪽)
아히 아마리요 페이스트 or 고추장 + 파프리카 2Ts
쿠민 1/2ts

오레가노 1/2ts
소금 1/2ts
후추 1/2ts

〈살사 크리올야(양파 살사)〉
적양파 1개
아히 아마리요 1/3개 or 파프리카 1개
다진 고수 3~4Ts
라임즙 2Ts or 식초 1Ts
엑스트라버진 올리브오일 1Ts
소금 1/2ts
후추 1/4ts

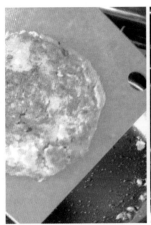

1. 렌틸콩을 여러 번 깨끗이 씻은 다음, 렌틸콩의 3배 정도의 물을 붓고 소금을 약간 넣어 뚜껑을 열고 중불에서 삶습니다. 중간중간 거품을 제거하며 15~20분 정도 삶으면 됩니다(콩 : 물 = 1 : 3).

2. 다 삶은 렌틸콩은 체에 걸러 물기를 제거하고 냉장고에 넣어 차갑게 식힙니다. 하룻밤 정도 놔둬도 좋습니다.

3. 볼에 식은 렌틸콩과 찬밥을 넣고 골고루 잘 섞습니다.

4. 넌스틱팬에 잘게 다진 적양파와 식용유를 넣고 양파가 투명해질 때까지 볶습니다. 그다음 다진 마늘을 넣고 살짝 볶은 뒤, 남은 반죽 양념을 모두 넣고 볶아서 간을 맞추고 반죽의 반을 덜어냅니다.

5. 4에 3의 반을 넣고 잘 섞은 후, 지름이 약 18cm 정도 되도록 동그랗게 모양을 만듭니다.

6. 가장자리에 식용유를 두른 후 중불에서 뚜껑을 살짝 열고 10분 정도 밑이 노릇노릇해지도록 익힙니다.

7. 접시나 도마를 팬 위에 덮고 팬을 뒤집어 반죽을 접시나 도마로 옮긴 다음 반죽을 다시 팬에 넣어 7분간 바삭하게 익힙니다. 5~7을 한 번 더 반복해서 반죽을 1장 더 만듭니다.

8. 살사 크리올야를 만듭니다. 적양파와 아히 아마리요를 얇게 채 썬 다음, 먹기 직전에 분량의 모든 양념을 넣고 무쳐서 곁들이면 완성입니다.

COOK's TIP

- 타쿠 타쿠는 붉은 렌틸콩을 사용하는 것이 가장 좋지만, 없는 경우 다른 통조림 콩을 사용하거나 삶은 녹두를 사용해도 좋습니다.
- 반죽에 달걀을 넣지 않아 쉽게 부서질 수 있습니다. 비건이 아니라면 달걀 1개를 넣어 만들어도 좋고, 밥을 더 넣어 찰기 있게 만들거나 10cm 이하의 작은 크기로 만들어도 좋습니다.
- 뒤집는 것이 어렵다면 팬을 흔들어 반죽을 가장자리로 몰아 오믈렛처럼 만들 수도 있습니다.
- 오븐에 구울 경우, 반죽을 70g 정도씩 떼어 모양을 길쭉하게 만들고 기름을 뿌려 200℃/400℉에서 20~30분간 구우면 완성입니다.

Chapter 2 | SALSA &
VEGETABLE
살사 & 채소요리

QUACAMOLE
과카몰리 [멕시코]

🍲 2컵　🍴 8분　🍲 2분

영양성분(100g) … 열량 120.9kcal, 탄수화물 8.0g, 단백질 1.8g, 지방 10.3g

'아보카도(quaca)로 만든 소스(mole)'라는 의미의 과카몰리는 우리에게 잘 알려진 멕시코의 대표 음식입니다. 주재료인 아보카도는 단일 불포화지방산을 가득 담고 있어서 몸에 아주 좋은 재료이며 이 과카몰리를 토르티야나 토토포(토르티야를 튀겨서 만든 칩)와 함께 곁들이면 멕시코를 가장 잘 느낄 수 있습니다.

〈과카몰리〉
아보카도 2개(손질 전 550g)
다진 적양파 3Ts(30g)
토마토小 1개(100g)
라임즙 1.5Ts(25g)

다진 고수 1Ts
다진 청양고추 or 할라피뇨 1Ts(15g)
다진 마늘 1ts(5g)
소금 2/3ts
쿠민 1/4ts

1. 아보카도를 제외한 모든 채소를 5mm 이하로 작게 다져 준비합니다.

2. 아보카도는 칼끝이 씨에 닿도록 깊게 칼을 넣은 다음 한 바퀴 돌려 칼집을 낸 뒤, 양쪽을 잡고 반대로 비틀어 분리 합니다. 씨는 칼날로 찍은 다음 비틀어 빼냅니다.

3. 숟가락을 이용해 아보카도의 과육만 따로 분리한 다음 볼에 넣고 곱게 으깹니다.

4. 3에 1의 모든 재료를 다 넣고 골고루 섞으면 완성입니다.

COOK's TIP

• 3번 과정에서 아보카도를 으깰 때 절구와 공이를 사용하면 더욱 곱게 으깰 수 있습니다.

REFRIED BEAN
리프라이드 빈 [라틴 전역]

🍚2컵 🍴5분 🍲15분

영양성분(100g) ⋯ 열량 113,8kcal, 탄수화물 8,7g, 단백질 8,1g, 지방 5,4g

스페인어로 '프리홀리 리프리토스(frijoles refritos)'라고도 불리는 리프라이드 빈은 콩을 으깨서 만든 음식으로 멕시코를 비롯한 많은 라틴아메리카 사람들이 즐겨 먹습니다. 멕시코 북부와 미국계 멕시칸들은 핀토 빈(pinto bean)을 사용해 만들지만, 다른 지역에서는 검은콩이나 붉은콩(강낭콩 계열) 등을 사용해서 만들며, 매쉬드 포테이토처럼 사이드 메뉴로 많이 먹습니다.

〈리프라이드 빈〉
검은콩통조림 1캔(15oz, 425g) or 불려서 익힌 검은콩 270g
양파 1/4개(50g)
다진 마늘 1Ts
* 다진 청양고추 or 피망 1Ts(15g)
올리브오일 2ts
소금 1/3ts

* 쿠민 1/3ts
육수(닭, 다시마/p.317~318) 3/4컵(180ml)
후추 1꼬집
라임즙 1/2ts

〈곁들임 재료〉
고수
케소 프레스코
흰 쌀밥

1. 재료를 준비합니다. 검은콩통조림이나 불려서 익힌 검은콩은 체에 걸러 콩만 남기고 양파와 마늘, 청양고추는 다져서 준비합니다.

2. 달군 팬에 올리브오일을 두르고 다진 양파와 마늘을 넣어 중약불에서 3~4분간 볶습니다. 양파가 투명해지면 다진 청양고추와 소금, 쿠민을 넣어 볶습니다.

3. 2에 검은콩을 넣고 볶다가 육수를 넣은 다음, 중약불에서 15~20분간 저으며 조리듯이 끓입니다.

4. 적당히 졸면 포테이토 매셔로 눌러 굵게 으깨고 마지막에 후추와 라임즙을 넣으면 완성입니다.

COOK's TIP

- 검은콩 대신 강낭콩을 넣어 만들어도 좋습니다.
- 부드러운 리프라이드 빈을 원한다면 맨 처음에 콩을 불려서 익힌 다음 믹서에 갈아 준비합니다.
- 후추는 열에 약하기 때문에 완성한 다음에 넣는 것이 좋고, 고수나 치즈를 뿌려서 흰 쌀밥과 함께 먹어도 맛있습니다.

VINAGRETE
비나그레찌 / 브라질 김치 [브라질]

🍚 2.5컵   🍴 15분   🍲 10분

영양성분(100g) … 열량 71.8kcal, 탄수화물 5.1g, 단백질 0.9g, 지방 5.5g

브라질의 살사, 브라질 김치라고 부르는 비나그레찌입니다. 가장 간단한 토마토 살사 중 하나인 멕시코의 피코 데 가요(p.196)나 칠레의 뻬브레(pebre)와 비슷한 음식으로 상큼하게 즐길 수 있습니다.

〈비나그레찌〉

양파 1/2컵(75g)

파프리카 1¼ 컵(200g)

토마토 1¼ 컵(200g)

* 다진 고수 or 파슬리 4Ts(15~20g)

화이트와인 식초 or 라임즙 4Ts

엑스트라버진 올리브오일 2Ts

소금 1/2ts

후추 1꼬집

1. 양파는 잘게 다지고 차가운 물에 5분 이상 담가 아린 맛을 뺍니다.

2. 재료를 준비합니다. 파프리카와 토마토는 1cm 정도의 크기로 깍둑썰기하고, 1의 양파는 물기를 빼서 준비합니다.

3. 믹싱볼에 양파와 화이트와인 식초, 올리브오일, 소금, 후추를 넣고 섞어 간을 맞춥니다.

4. 3에 파프리카와 토마토, 고수를 넣고 골고루 섞은 다음, 냉장고에 넣어서 3시간 정도 숙성시키면 완성입니다.

COOK's TIP

- 비나그레찌는 냉장고에 넣어 차가운 상태로 먹는 것이 좋습니다.
- 칠레의 뻬브레는 비나그레찌에서 채소를 조금 더 잘게 썰고 매운맛의 아지(aji)고추를 갈아 넣어 빵 속에 넣어 먹는 음식입니다.
- 비나그레찌와 비슷한 이름을 가진 음식에는 '비네그레트(vinaigrette)'가 있는데 비나그레찌와는 전혀 다른 샐러드 드레싱입니다. 만드는 방법은 312쪽을 참고하면 됩니다.

5 SALSA
5가지 살사

살사는 멕시코와 라틴아메리카에서 많이 먹는 음식으로 살사(salsa_소스), 살사 프레스카(salsa fresca_신선한 소스), 살사 발렌티나(salsa picante_매운 소스) 등 다양한 이름으로 불립니다. 가장 간단한 피코 데 가요(pico de gallo/ p.196)는 대표적인 살사 프레스카이며, 토마토와 붉은 홍고추로 만든 살사 로하(salsa roja/p.306)와 토마틸로와 풋 고추로 만든 살사 베르데(salsa verde/p.307)는 살사 발렌티나입니다. 살사는 기본적으로 토마토를 사용해 만들지 만 망고나 파인애플 등을 넣어 다양하게 만들기도 합니다.

TOMATO SALSA
토마토 살사

🍚 3.5컵   🍴 8분   🍲 1분

영양성분(100g) … 열량 31.9kcal, 탄수화물 7.2g, 단백질 1.3g, 지방 0.3g

가장 기본적인 살사로 감칠맛과 신선함을
더한 토마토 살사입니다.

〈토마토 살사〉
다진 토마토 3컵(600g)
다진 양파 1컵(130g)
다진 피망 1/2컵(60g)
다진 고수 4Ts(20g)
다진 청양고추 or 할라피뇨 2Ts
소금 1/2~2/3ts
후추 1/4ts
* 쿠민 1/4ts
라임즙 2~3Ts(30~45g)

1. 토마토는 5~7mm로 깍둑썰고 나머지 채
   소는 2~3mm 정도로 잘게 다져 믹싱볼
   에 넣은 다음 소금과 후추, 쿠민을 넣고
   라임즙을 뿌려 섞습니다.

2. 1을 냉장고에 30분 이상 넣어 맛이 골고루
   섞이면 완성입니다.

COOK's TIP

• 후추와 쿠민은 깊은 맛을 내는 역할을 합니다. 상큼한
  살사를 원한다면 피코 데 가요(p.196)를 참고하면
  됩니다.
• 익히지 않은 살사는 냉장보관을 하더라도 빨리 상하
  므로 만든 당일에 모두 먹는 것이 좋습니다.

MANGO SALSA
망고 살사

🍲 2컵　🥢 9분　🍳 1분

영양성분(100g) ··· 열량 49.2kcal, 탄수화물 12.1g, 단백질 0.9g, 지방 0.3g

망고 살사는 달콤하면서도 매콤한 맛이 한국인의 입맛에 잘 맞습니다. 시원하게 먹으면 더욱 맛있는 여름 살사입니다.

〈망고 살사〉
다진 망고 1⅓컵(300g)
다진 빨강 파프리카 4Ts(35g)
다진 파 4Ts(30g)
다진 적양파 3Ts(30g)
다진 고수 2Ts(10g)
다진 청양고추 or 할라피뇨 4ts(16g)
소금 1/4ts
후추 1꼬집
라임즙 2Ts(30g)

1. 망고는 0.5~1cm로 깍둑썰고 나머지 채소는 2~3mm 정도로 잘게 다져 믹싱볼에 넣은 다음 소금과 후추를 넣고 라임즙을 뿌려 섞습니다.

2. 1을 냉장고에 30분 이상 넣어 맛이 골고루 섞이면 완성입니다.

COOK's TIP

• 익히지 않은 살사는 냉장보관을 하더라도 빨리 상하므로 만든 당일에 모두 먹는 것이 좋습니다.

PEACH SALSA
복숭아 살사

4컵 · 9분 · 1분

영양성분(100g) … 열량 39.3kcal, 탄수화물 9.6g, 단백질 1.1g, 지방 0.3g

망고 살사와 같이 여름철에 먹으면 좋은 살사로 식욕을 돋우고 피로회복에 도움이 되는 복숭아로 만들어 맛과 건강을 모두 잡았습니다.

〈복숭아 살사〉
다진 복숭아 2.5컵(370g)
다진 토마토 1컵(200g)
다진 피망 or 파프리카 1컵(120g)
다진 고수 4Ts(20g)
다진 청양고추 or 할라피뇨 4~5ts(16~20g)
꿀 or 조청 1/2~1Ts
소금 1/2ts
후추 1/8ts
*쿠민 or 오레가노 1꼬집
라임즙 2Ts(30g)

1. 복숭아는 0.5~1cm로 깍둑썰고, 나머지 채소는 2~3mm 정도로 잘게 다져 믹싱볼에 넣은 다음 꿀과 소금, 후추, 쿠민을 넣고 라임즙을 뿌려 섞습니다.

2. 1을 냉장고에 30분 이상 넣어 맛이 골고루 섞이면 완성입니다.

COOK's TIP

• 익히지 않은 살사는 냉장보관을 하더라도 빨리 상하므로 만든 당일에 모두 먹는 것이 좋습니다.

SALSA DE TOMATES ASADO
살사 데 토마토 아사도 / 구운 토마토 살사

영양성분(100g) … 열량 68.6kcal, 탄수화물 8.1g, 단백질 1.7g, 지방 3.9g

토마토를 구워서 살사를 만들면 좀 더 오래 보관할 수도 있고, 토마토의 라이코펜 성분이 더욱 활성화되어 건강하게 먹을 수 있습니다.

〈살사 데 토마토 아사도〉

토마토 400g
양파小 1개(20g)
할라피뇨 or 청양고추 2개(80g)
껍질 있는 마늘 4쪽
올리브오일 2Ts
라임즙 1Ts
소금 1ts
* 쿠민 1/2ts
* 고수 4Ts(10~15g)
오일스프레이

1. 토마토는 깨끗이 씻어 2~4등분으로 자르고, 양파는 4등분, 할라피뇨는 2등분으로 자릅니다. 마늘은 껍질을 안 깐 상태로 준비합니다.

2. 오븐 팬에 종이호일을 깔고 1의 손질한 채소를 올린 다음 오일스프레이를 뿌립니다.

3. 220℃/425℉로 예열한 오븐에 넣어 20~25분간 굽고 식힙니다.

4. 구운 토마토와 마늘의 껍질을 벗긴 후, 3의 채소와 함께 푸드 프로세서에 모두 넣습니다. 그다음 올리브오일, 라임즙, 소금, 쿠민, 고수를 넣고 갈면 완성입니다.

COOK's TIP

• 완성된 살사는 뜨거운 물로 소독한 용기에 담아 냉장고에 넣으면 2주 정도 보관할 수 있습니다.

CALABAZA AL HORNO CON SALSA
칼라바자 알 오르노 콘 살사 / 구운 단호박 살사

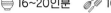 16~20인분 10분 30분

영양성분(100g) ··· 열량 65.3kcal, 탄수화물 13.3g, 단백질 1.8g, 지방 1.5g

한국에서 쉽게 구할 수 있는 단호박으로 만든 은은한 단맛이 매력적인 살사입니다.

〈칼라바자 알 오르노 콘 살사〉
손질한 단호박 or 땅콩호박, 고구마 300g
토마토 5개(600g)
양파 1개(150g)
할라피뇨 or 청양고추 1개(40~45g)
껍질 있는 마늘 3쪽
식용유 1Ts
소금 1ts
설탕 1ts
꿀 1ts
고추씨 1ts
시나몬가루 1ts
생강가루 1ts
넛맥가루 1/2ts
* 고수 적당히

1. 호박은 껍질을 벗겨서 1.5cm 크기로 깍둑 썰고, 깨끗이 씻은 토마토와 양파는 4등 분, 할라피뇨는 2등분으로 자릅니다. 마늘 은 껍질을 안 깐 상태로 준비합니다.

2. 믹싱볼에 식용유와 소금을 넣어 잘 섞은 후 토마토를 넣고 섞습니다. 토마토에 식 용유가 잘 묻으면 꺼낸 다음 같은 볼에 설탕과 단호박을 넣고 섞습니다.

3. 오븐 팬에 종이호일을 깔고 손질한 채소 를 모두 올린 다음, 220℃/425℉로 예열 한 오븐에서 25~30분간 굽고 식힙니다.

4. 구운 토마토와 마늘의 껍질을 벗긴 후, 3의 채소와 함께 푸드 프로세서에 모두 넣습니 다. 그다음 꿀, 고추씨, 시나몬가루, 생강가 루, 넛맥가루를 넣고 갈면 완성입니다.

COOK's TIP

• 단호박 대신 군고구마를 이용해서 만들어도 맛있습니다.
• 토마토는 껍질을 벗겨야 소화가 더 쉽지만 번거롭다면 벗기지 않아도 됩니다.
• 완성된 살사는 뜨거운 물로 소독한 용기에 담아 냉장고에 넣으면 2주 정도 보관할 수 있습니다.
• 기호에 따라 고수를 적당히 넣어 만들어도 맛있습니다.

CURTIDO
쿠르티도 / 코울슬로 [엘살바도르, 중앙아메리카]

🍲 4컵 🥄 10분 🍲 10분

영양성분(100g) … 열량 36.6kcal, 탄수화물 8.1g, 단백질 1.3g, 지방 4.4g

엘살바도르와 중앙아메리카의 코울슬로인 쿠르티도입니다. 일반적인 코울슬로와 달리 마요네즈가 들어가지 않아서 가볍고 건강하게 즐길 수 있으며, 주로 뿌뿌사(pupusa, p.202)와 함께 먹습니다.

〈쿠르티도〉
파 2대(20g)
양파 1/6개(20g)
양배추 1/4개(400g)
당근 1/2개(90g)
뜨거운 물 1컵

〈드레싱〉
식초 4Ts(1/4컵)
설탕 or 꿀 1/2~1ts
오레가노 1/2ts
고추씨 1/4~1/2ts
소금 1/4ts

1. 파는 길고 가늘게 어슷썰고, 양파는 얇게 채 썰어서 찬물에 담가 아린 맛을 뺍니다.

2. 양배추는 얇게 썰어서 깨끗이 씻은 다음 물기를 빼고, 당근은 너무 길지 않도록 적당히 채 썰어 준비합니다.

3. 양배추와 당근을 볼에 넣고 뜨거운 물을 부은 다음 섞어 살짝 데친 뒤 물을 따라 버립니다.

4. 컵에 분량의 드레싱 재료를 모두 넣고 섞습니다.

5. 3에 어슷 썬 파와 물기를 꽉 짠 양파를 넣고 4의 드레싱을 부어 골고루 섞은 다음, 냉장고에 2시간 이상 넣어 맛이 골고루 섞이면 완성입니다.

6. 완성된 쿠르티도는 뜨거운 물로 소독한 병에 넣으면 냉장고에서 최대 10일간 보관이 가능합니다.

COOK's TIP
- 만들고 하루 이상이 지난 후 드실 계획이라면 수용성비타민 보존을 위해 3번 과정은 생략해도 좋습니다.

FRIJOLES CHARRO
프리홀레스 차로 /
핀토 빈 리프라이드 [멕시코]

🥣6컵 🥄6시간 🍲35분

영양성분(100g) … 열량 107.9kcal, 탄수화물 9.0g, 단백질 9.8g, 지방 4.9g

프리홀레스 차로는 핀토 빈(pinto bean)을 멕시코 스타일로 요리한 리프라이드 빈입니다. 미국의 리프라이드 빈은 베이컨을 넣지 않지만, 멕시코의 프리홀레스 차로는 베이컨을 넣어 만드는 것이 일반적입니다. 물론 베이컨은 기호에 따라 생략이 가능합니다.

〈프리홀레스 차로〉
핀토 빈 or 강낭콩 4컵(600g, 2캔)
토마토 4~5개(600g) or 다진 토마토통조림 2캔(400g)
양파 1/2개(100g)
* 베이컨 6~7장(225g)
올리브오일 1Ts
다진 마늘 2ts
(치폴레아도보 통조림에 들어 있는)치폴레 칠리 3개(65g)

쿠민 1ts
오레가노 1/2ts
물 or 육수 1¾컵(420ml)
소금 1/2ts
후추 1꼬집
* 고수 1/2줌(15~25g)

불리기 전 300g　　불린 후 600g

1. 핀토 빈을 깨끗한 물에 여러 번 씻은 다음 6시간 이상 불립니다.

2. 불린 핀토 빈을 냄비에 넣어 물을 자작하게 붓고 분량 외의 소금 한 꼬집을 넣은 다음 뚜껑을 덮어 중불에서 15분 간 익힌 뒤 물을 빼 준비합니다.

3. 토마토는 꼭지를 떼고 포크를 끼운 다음 가스 불 위에 직접 올려 돌리면서 굽습니다.

4. 구운 토마토는 껍질을 벗겨 1cm 크기로 자르고 양파와 베이컨은 작게 썰어서 준비합니다.

5. 팬에 베이컨을 노릇노릇하게 굽고 건져낸 다음 키친타월로 기름을 한번 닦아냅니다. 닦은 팬에 올리브오일과 다진 양파를 넣어 양파가 투명해질 때까지 볶습니다.

6. 5의 양파에 구운 베이컨과 다진 마늘, 구운 토마토를 넣어 2~3분간 볶습니다.

7. 6에 핀토 빈과 다진 치폴레 칠리, 쿠민, 오레가노를 넣고 섞다가 물을 넣어 중불에서 끓입니다.

8. 국물이 어느 정도 줄어들면 소금과 후추로 간을 맞추고, 마지막에 다진 고수를 넣어 섞으면 완성입니다.

COOK's TIP

- 핀토 빈은 물에 충분히 불리면 2배로 늘어납니다. 600g의 핀토 빈을 준비하기 위해서는 300g을 씻어서 불리면 됩니다.
- 핀토 빈을 삶을 때는 뚜껑을 덮고 삶되 중간에 뚜껑을 열지 않습니다. 다 익지 않은 상태에서 뚜껑을 열면 비린내가 날 수 있습니다.
- 토마토는 200℃/400˚F로 예열한 오븐에서 20분간 구워도 좋고, 십자(十)로 칼집을 내어 끓는 물에 살짝 삶아도 좋습니다.
- 핀토 빈 통조림을 사용할 경우 1, 2번 과정을, 토마토통조림을 사용할 경우 3번 과정을 생략해도 좋습니다.
- 완성된 프리홀레스 차로를 푸드 프로세서에 곱게 갈면 훨씬 더 부드럽게 먹을 수 있습니다.

Chapter 3 | SOUP
국물요리

MENUDO
메누도 / 소 위로 만든 보양식 [멕시코]

🍲 6인분　🍴 20분　🥘 3시간

영양성분(100g) ⋯ 열량 55.9kcal, 탄수화물 4.2g, 단백질 4.7g, 지방 1.4g

스페인에서 유래한 멕시코의 보양식으로, 우리나라의 설렁탕이나 갈비탕처럼 결혼식 후 많이 먹는 음식입니다. 주로 소의 위(= 양)로 만드는 음식이지만, 양의 위나 소 혀(pancitas)로도 만들 수 있습니다. 뜨끈한 국물요리인 메누도는 보통 붉은 고추를 넣어 빨갛게 만드는데 지역에 따라 할라피뇨나 푸른 고추를 넣어 하얗게 만들기도 합니다.

〈메누도〉
소족 or 소꼬리 600g
물 1.5~1.8L + 3L
소 위(양) 900g
마늘 2Ts
양파 1/2개
* 월계수잎 2개
호미니 or 삶은 찰옥수수 450g
소금 2~2.5Ts
오레가노 2ts
* 구운 청양고춧가루 1~2ts

〈양념장〉
과히요 칠리 3개 or 안 매운 건고추 5개
마른 아르볼 칠리(arbol chile) or 마른 청양고추 3~4개
마늘 2쪽
양파 1개(200g)
물 500ml
쿠민 1ts
오레가노 1ts
소금 1ts

〈곁들임 재료〉
레몬 or 라임
다진 청양고추(삐긴 piquin)
고수
옥수수 토르티야

1. 핏물을 뺀 소족이나 소꼬리를 냄비에 넣고 물(1.5~1.8L)을 부어 센불에서 10분간 삶습니다. 이때 생기는 거품과 기름 등의 불순물은 건져냅니다.

2. 1의 물을 따라버리고 냄비도 헹군 다음, 다시 물(3L)을 붓고 2시간 정도 푹 끓입니다. 냄비 대신 압력솥이나 인스턴 트 팟을 사용할 경우 30분간 익힙니다.

3. 양념장에 들어갈 과히요 칠리와 아르볼 칠리는 깨끗하게 씻고 꼭지와 씨를 제거합니다. 그다음 마늘, 양파와 함께 냄비에 넣어 물을 붓고 25분간 끓여 무르게 만든 후 식혀둡니다.

4. 소 위는 2.5cm 크기로 자른 다음 체에 밭쳐 물기를 제거합니다.

5. 2의 냄비에 4의 소 위와 마늘, 양파, 월계수잎을 넣어 20분간 끓입니다. 끓이면서 생기는 기름과 불순물은 제거합니다.

6. 3을 건더기만 건져 푸드 프로세서에 넣고 쿠민과 오레가노, 소금을 넣어서 곱게 갈아 양념장을 만듭니다.

7. 5의 냄비에 양념장을 넣습니다. 양념장은 바로 넣지 말고 체에 밭쳐 곱게 내려 넣고 10분간 끓입니다.

8. 마지막으로 호미니를 흐르는 물에 헹궈서 물기를 뺀 다음 7의 냄비에 넣고 10분간 끓인 뒤 소금과 오레가노를 넣어 간을 맞추면 완성입니다.

COOK's TIP

- 얼큰하게 먹고 싶다면 7번 과정에서 양념장을 넣을 때 구운 청양고춧가루를 함께 넣으면 됩니다.
- 완성된 메누도에 레몬이나 라임즙을 뿌리고 다진 청양고추와 고수, 토르티야를 곁들여 먹으면 더욱 좋습니다.
- 소 위를 부드럽게 만들고 싶다면 맨 처음 요리를 시작할 때 냄비에 넣어 약불에서 3시간 정도 천천히 끓이면 됩니다.

MOQUECA
모퀘가 / 해산물 코코넛 스튜 [브라질]

🍲 4~6인분   🍴 20분   🍲 25분

영양성분(100g) ··· 열량 89.2kcal, 탄수화물 3.3g, 단백질 7.1g, 지방 5.6g

브라질 전통 음식과 포르투갈의 음식이 만나서 만들어진 모퀘가는 부드럽고 맛있는 해산물 스튜입니다. 미국의 대표 해산물 수프가 '크램차우더'라면 브라질에는 '모퀘가'가 있다고 할 수 있을 정도로 인기 있는 음식으로 과테말라의 타파도(tapado)와도 비슷합니다.

〈해산물 밑간〉
흰살생선 + 새우 900g
다진 마늘 1Ts
라임즙 3~4Ts
소금 1ts

〈모퀘가〉
팜유 or 올리브오일 2Ts
양파 1개(180g)
파의 흰 부분 4Ts(40g)
노랑 파프리카 1/2개(100g)
빨강 파프리카 1/2개(100g)

토마토 2~3개(2컵, 330g)
토마토 페이스트 1Ts(16g)
간장 2ts
파프리카가루 or 고춧가루 1/2Ts
쿠민 1ts
고추씨 1/4ts
코코넛밀크 400ml
다진 파 2Ts
다진 고수 3Ts
소금 약간
후추 약간

1. 흰살생선과 새우는 완전히 해동한 다음 한입 크기로 자르고, 다진 마늘과 라임즙, 소금을 뿌려 섞은 뒤 10분간 재워 둡니다.

2. 양파는 얇게 채 썰고 파의 흰 부분은 쫑쫑 썬 다음, 팜유를 넣은 냄비에 넣고 중불 이상에서 3~4분간 볶습니다.

3. 양파가 부드럽게 익으면 파프리카와 토마토를 한입 크기로 큼직하게 썰어 넣고 1분간 볶습니다.

4. 냄비에 토마토 페이스트와 간장, 파프리카가루, 쿠민, 고추씨를 넣어 채소의 간을 맞춥니다.

5. 1에서 재운 흰살생선과 새우를 넣고 골고루 섞습니다.

6. 5에 코코넛밀크를 부어 잘 섞은 다음 뚜껑을 덮고 10분간 익힌 뒤, 다진 파와 고수를 넣고 소금과 후추로 간을 맞추면 완성입니다.

COOK's TIP

• 단맛이 나는 붉은색의 팜유는 포화지방산이라 건강에 좋지 않으므로 건강을 생각한다면 팜유 대신 올리브오일이나 옥수수오일에 설탕 한 꼬집을 넣어 사용해도 좋습니다.

• 완성된 모퀘가는 스모크드 파프리카를 뿌려 먹어도 맛있고, '양파 1/2개, 할라피뇨 피클 4개, 올리브오일 4Ts, 소금 1/2ts'을 갈아서 조금씩 얹어 먹어도 맛있습니다.

SOPA DE POLLO
소파 드 뽀요 / 닭고기 수프 [페루, 칠레 등]

🥣 8인분   🍴 15분   🍲 1시간 45분

영양성분(100g) … 열량 72.4kcal, 탄수화물 7.5g, 단백질 6.1g, 지방 1.8g

라틴아메리카의 많은 지역에서 즐겨먹는 치킨 누들 수프인 '소파 드 뽀요'는 멕시코에서 '깔도 데 뽀요(caldo de pollo)'라고 부르기도 합니다. 쌀이나 국수가 들어가서 든든한 한 끼 식사로 좋고, 채소가 듬뿍 들어가서 건강에도 좋습니다. 소파 드 뽀요는 매운 소스인 소프리토(sofrito/p.206)를 넣어서 만들기도 하는데, 여기서는 소스 없이 손쉽게 만드는 방법을 알려드리겠습니다.

〈닭육수〉
닭 1마리(2kg 내외)
물 2.5L
마늘 6~8개
소금 1Ts

〈소파 드 뽀요〉
토마토 4~5개(600g)
양파 1개(230g)
고수 1/2묶음(40g)
호박 1개(250g)
* 차요테 1개(300g)
옥수수 2개(600g)
감자 3개(400g)
당근 2개(250g)
* 셀러리 1~2대(50~100g)

월계수잎 3개
마늘 1쪽
물 1/3컵(80㎖)
불린 쌀 or 국수 1.5컵(300g)
소금 약간
후추 약간

〈곁들임 재료〉
청양고추 or 할라피뇨 2~3개
라임 2~3개

1. 닭은 먹기 좋은 크기로 손질해서 깨끗하게 씻은 후 물기를 빼줍니다.

2. 크고 두꺼운 냄비에 물을 넣고 끓인 다음 1의 손질한 닭과 마늘, 소금을 넣어 중불 이상에서 20분간 끓여 닭육수를 만듭니다.

3. 채소를 준비합니다. 양파, 호박, 차요테, 옥수수, 감자, 당근, 셀러리, 고수는 한입 크기로 자르고 토마토는 꼭지를 떼고 끝부분에 십자(十)로 칼집을 냅니다.

4. 닭육수 위에 떠오른 거품과 기름 등 불순물을 제거합니다.

5. 4에 토마토와 양파 2/3개, 고수를 넣어 10분간 끓이다가 토마토와 고수를 건져냅니다.

6. 호박, 차요테, 옥수수, 감자, 당근, 셀러리, 월계수잎을 넣어 10분간 끓입니다. 만약 냄비가 작다면 다 익은 닭은 꺼내고 남은 채소를 넣어 끓입니다.

7. 5에서 건진 토마토는 껍질을 벗긴 후 남은 양파 1/3개와 마늘, 물과 함께 믹서에 넣어 간 다음 6의 냄비에 넣습니다.

8. 불린 쌀이나 잘게 자른 국수를 넣고 20분간 끓인 다음, 소금과 후추로 간을 맞추면 완성입니다.

COOK's TIP

- 닭을 손질할 때는 흐르는 물에 씻지 말고, 물에 담가서 흔들어 씻는 것이 좋습니다. 흐르는 물에 씻을 경우 씻는 과정에서 물이 사방으로 튀어 닭 속에 있던 미세한 균이 부엌 전체에 퍼질 수 있습니다.
- 기름기 없는 깔끔한 국물을 원한다면 닭 껍질을 제거해도 좋습니다.
- 차요테는 미끈거리기 때문에 장갑을 끼고 껍질을 벗긴 다음 큼직하게 썰어줍니다.
- 소프리토를 넣어 만들 경우 7번 과정에서 간 토마토와 함께 넣으면 됩니다. 이때 마늘의 양은 줄이고, 할라피뇨 피클을 넣어도 됩니다.
- 취향에 따라 청양고추나 라임을 곁들이는 것도 좋습니다.

AVOCADO SOUP
아보카도 수프

🥣 6~8인분   🍴 10분   🍲 15분

영양성분(100g) … 열량 66.0kcal, 탄수화물 3.9g, 단백질 1.8g, 지방 1.1g

아보카도 수프는 여름에 즐겨먹는 차가운 수프로 멕시코와 라틴아메리카가 원산지인 아보카도로 만들어 부드럽고 건강한 음식입니다. 식사 대용으로 먹기에 아주 좋으며 양파와 마늘을 볶을 때 호박을 듬뿍 넣어 만들면 포만감이 들면서도 칼로리는 낮아 다이어트식으로 드실 수 있습니다.

〈양파육수〉
올리브오일 1Ts
다진 양파 1개(200g)
다진 마늘 1ts(1쪽)
* 호박 or 주키니호박 1~2개
닭육수(p.317) or 다시마육수(p.318) 4컵(960ml)
월계수잎 2개

〈곁들임 재료〉
살사 or 토마토 약간

〈아보카도 수프〉
고수 or 케일 1컵(60g)
시금치 or 케일 1컵(30g)
씨를 뺀 할라피뇨 1/2개 or 청양고추 1개(25g)
아보카도 2~3개
라임즙 3.5Ts(52ml)
우유 120~150ml
휘핑크림 or 생크림 1/4컵(60ml)
플레인 요거트 or 사워크림 2Ts(30g)
소금 1/2Ts

소금 약간
후추 약간

1. 달군 팬에 올리브오일을 두르고 다진 양파와 마늘을 넣은 다음 양파가 투명해질 때까지 중불에서 2~3분간 볶습니다.

2. 1에 닭육수와 월계수잎을 넣고, 육수가 끓어오를 정도로 3~4분간 끓여 양파육수를 만듭니다.

3. 믹서에 고수, 시금치, 할라피뇨를 듬성듬성 잘라 넣고 2의 양파육수를 반만 넣어 여러 번 끊어가며 곱게 갈아줍니다.

4. 3을 덜어내고 이번에는 믹서에 아보카도와 남은 양파육수를 넣고 라임즙, 우유, 휘핑크림, 요거트, 소금을 넣어서 곱게 갈아줍니다.

5. 3에 4를 부어 골고루 섞고 소금과 후추로 간을 맞춘 다음, 냉장고에 1시간 이상 넣어 차갑게 만들면 완성입니다.

COOK's TIP

- 취향에 따라 살사를 곁들이면 더욱 좋습니다.
- 호박을 넣어 만들고 싶다면 1번 과정에서 호박이나 주키니호박을 잘게 다져 함께 볶으면 됩니다.
- 2번 과정까지 만들어서 냉장고에 넣어두었다가 아침에 아보카도와 채소를 갈아 만들면 든든한 아침식사를 만들 수 있습니다.
- 믹서를 사용할 때 그냥 돌리면 원심분리만 일어날 뿐 곱게 갈리지 않으니 여러 번 끊어서 갈도록 합니다.
- 저지방 우유로 수프의 농도를 맞추되, 우유에 알레르기가 있다면 우유 대신 2번 과정에서 닭육수를 더 넣어 만들도록 합니다.
- 가능하면 만들고 난 후 24시간 내에 다 드시는 것이 좋습니다.

ALBONDIGAS
알본디가스 / 미트볼 채소수프 [멕시코]

🍚 4~6인분 🍴 10분 🍲 40분

영양성분(100g) ··· 열량 60.5kcal, 탄수화물 4.7g, 단백질 4.4g, 지방 2.8g

전통적인 멕시코의 국물요리인 알본디가스는 스페인어로 '미트볼'을 의미합니다. 미트볼에 채소를 듬뿍 넣어서 끓였기 때문에 고기와 채소를 골고루 먹을 수 있어 균형 잡힌 영양소를 섭취할 수 있는 건강식입니다.

〈알본디가스〉
식용유 1Ts
다진 양파 1/2개(100g)
다진 마늘 2ts
씨를 뺀 할라피뇨(청양고추) 2개(60g) or 세라노 칠리 1개
애호박 or 주키니호박 1개(250g)
당근 1/2개(110g)
감자 1~2개(200g)
오레가노 2ts
쿠민 1/2ts
육수(닭, 다시마/p.317~318) 4컵(960ml)
물 2컵(480ml)
토마토통조림 1캔(15oz)
토마토 페이스트 2Ts

검은콩 or 옥수수통조림 1캔
라임즙 1Ts
소금 1ts
후추 1/4ts
고수 약간

〈미트볼〉
다진 소고기 300g
쿠민 1/4ts
오레가노 2/3ts
소금 2/3ts
후추 1/2ts
달걀 1개
빵가루 3Ts

1. 채소는 모두 적당한 크기로 잘라 준비합니다.

2. 커다랗고 두꺼운 냄비를 약불로 달군 후 식용유를 두르고 다진 양파를 넣어 2분간 볶습니다. 양파가 투명하게 익으면, 다진 마늘과 할라피뇨를 넣고 3분간 볶습니다.

3. 1에서 준비한 호박과 당근, 감자를 넣고 오레가노와 쿠민을 넣어 볶으면서 3분간 익힙니다.

4. 육수와 물을 넣고 물기를 뺀 토마토통조림과 토마토 페이스트를 넣은 다음 중불 이상에서 15분간 끓입니다.

5. 그 사이에 미트볼을 만듭니다. 다진 소고기는 키친타월 위에 올려 핏물을 빼고 분량의 미트볼 재료를 준비합니다.

6. 볼에 5의 미트볼 재료를 모두 넣고 치댄 다음 경단 크기로 동그랗게 굴려 미트볼을 만듭니다. 미트볼은 총 20~24개 정도 만들면 됩니다.

7. 4에 6의 미트볼을 넣고 검은콩과 라임즙을 넣어 끓입니다.

8. 끓이면서 생기는 거품은 걷어내고 미트볼이 익어서 떠오르면 소금과 후추로 간을 맞춘 다음 고수를 곁들이면 완성입니다.

COOK's TIP

- 감자와 당근을 손질할 때 한입 크기로 자른 다음 모서리를 살짝 둥글게 깎으면 휘저을 때 뭉그러지지 않아서 모양이 예쁘게 유지됨은 물론 국물도 깔끔해집니다.
- 감자 대신 씻은 쌀을 3/4컵 정도 넣어서 끓이면 한 끼 식사로도 좋습니다.
- 취향에 따라 라임즙을 더 뿌려서 먹어도 좋고, 밥과 함께 먹으면 아주 든든합니다.
- 미트볼에 빵가루 대신 밥을 1/4공기 정도 넣어서 만들어도 좋습니다.

CHICKEN TORTILLA SOUP
치킨 토르티야 수프 [멕시코]

🍲 4~6인분　🍴 15분　🍲 30분

영양성분(100g) … 열량 63.3kcal, 탄수화물 4.9g, 단백질 5.0g, 지방 2.5g

멕시코 레스토랑에 가면 가장 쉽게 만날 수 있는 국물요리, 치킨 토르티야 수프입니다. 따뜻하고 맛있는 수프에
바삭한 토르티야 튀김을 얹어 먹으면 눈 깜짝할 사이에 한 그릇을 뚝딱 비울 수 있습니다.

〈치킨 토르티야 수프〉
올리브오일 1Ts
양파 1개(200g)
다진 마늘 2Ts
할라피뇨(청양고추) 2개(60g) or 그린 칠리통조림 1캔
다진 토마토 2컵(400g+50g) or 토마토통조림 1캔(15oz)
토마토 페이스트 2Ts(33g)
닭육수(p.317) 5컵(1.2L)
닭가슴살 2쪽(500g)
옥수수통조림 1캔(15oz) or 검은콩 260g
칠리파우더 or 볶은 고춧가루 2ts
쿠민 1/2Ts
소금 1ts
후추 1/4ts
라임즙 2Ts

〈토르티야 튀김〉
토르티야 6~8장
식용유 1컵

〈곁들임 재료〉
고수 1/4~1/2컵(20~40g)
다진 파 약간
* 아보카도 1개
* 몬테리 잭 치즈 or 체더 치즈 1/2~1컵
* 라임

1. 양파는 작게 다지고 할라피뇨는 세로로 잘라 씨를 뺍니다. 토마토는 50g은 토핑용으로 작게, 400g은 국물용으로 크게 자르고 국물용 토마토는 푸드 프로세서에 갈아 준비합니다.

2. 뚜껑 있는 두꺼운 냄비에 올리브오일과 다진 양파를 넣고 2분간 중불에서 볶습니다. 양파가 투명하게 익으면 다진 마늘과 할라피뇨를 넣고 1분간 더 볶습니다.

3. 국물용으로 간 토마토와 토마토 페이스트, 닭육수를 넣고 끓입니다.

4. 닭가슴살은 큼직하게 자르고, 토르티야는 겹친 상태에서 7~8mm 간격으로 자릅니다.

5. 3이 끓기 시작하면 자른 닭가슴살을 넣고 중불에서 10분간 끓이다가 뚜껑을 덮고 약불로 줄여 15~20분간 끓입니다.

6. 자른 토르티야는 200℃/400℉로 달군 식용유에 넣어 바삭하게 튀긴 다음 기름을 빼서 준비합니다.

7. 5에서 익힌 닭가슴살을 꺼내 먹기 좋은 크기로 찢고, 옥수수통조림은 물에 헹군 다음 물기를 빼서 냄비에 넣습니다.

8. 찢은 닭가슴살과 칠리파우더, 쿠민을 넣고 소금과 후추로 간을 맞춘 다음 라임즙을 넣어 2~3분간 더 끓입니다. 먹기 직전에 1의 토핑용 토마토와 6의 토르티야 튀김을 올리면 완성입니다.

COOK's TIP

• 완성된 치킨 토르티야 수프에 다진 고수와 파, 아보카도, 몬테리 잭 치즈, 라임 등을 곁들이면 더욱 좋습니다.

AJI DE GALLINA
아히 데 갈리나 / 매운 치킨 카레 [페루]

🍚 4~5인분 🍴 30분 🍲 30분

영양성분(100g) ⋯ 열량 82.9kcal, 탄수화물 4.5g, 단백질 7.9g, 지방 4.2g

양파와 마늘, 고추를 넣어 만든 페루식 매운 치킨 카레로 우리나라의 카레처럼 대중화된 음식입니다. 갈색을 띠는 인도나 일본 카레와는 달리 노란빛을 띠며 매운 고추와 부드러운 우유의 조화가 아주 잘 어울리는 음식입니다.

〈아히 데 갈리나〉
닭육수(p.317) 550ml
닭가슴살 or 닭다리살 500g
노랑 파프리카 1개
아히 아마리요 1개(아히 아마리요 페이스트 2Ts or 아지고추 3개)
양파 1개
다진 마늘 2쪽(1/2Ts)
빵 2~3쪽(72g)
코코넛우유 or 우유 100ml
식용유 2Ts + 1Ts
호두 3Ts(27g)

파마산치즈 1~2Ts or 슬라이스 치즈 1장
강황 1/4ts
쿠민 1/4ts
소금 1/4ts

〈곁들임 재료〉
삶은 감자 2~3개
삶은 달걀 2~3개
블랙 올리브
밥 약간

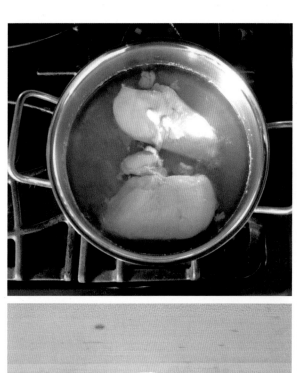

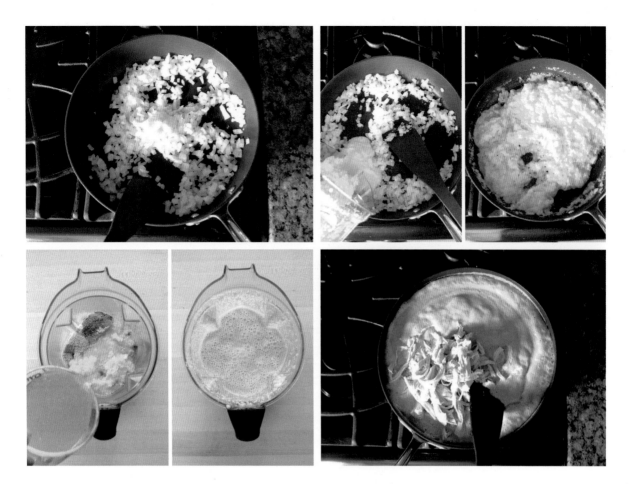

1. 냄비에 닭육수와 닭가슴살을 넣고 뚜껑을 덮은 뒤, 중불 이상에서 10분 정도 끓여 완전히 익힙니다.

2. 노랑 파프리카와 아히 아미리요는 씨를 뺀 다음 한입 크기로 자르고, 양파와 마늘도 다져서 준비합니다.

3. 빵은 코코넛우유를 부어 완전히 적십니다.

4. 1에서 익힌 닭가슴살은 건져낸 다음 손으로 잘게 찢어, 먹기 좋은 크기로 준비합니다.

5. 1의 남은 육수는 거름망에 걸러 불순물을 제거합니다.

6. 2에서 자른 파프리카와 아히 아미리요를 믹서에 넣고, 식용유 2Ts과 함께 곱게 갑니다.

7. 프라이팬에 식용유 1Ts을 두르고 다진 양파를 넣어 2~3분 정도 볶습니다. 양파가 투명해지면 다진 마늘을 넣고 살짝 볶습니다.

8. 7의 볶은 양파에 6을 넣어 중불 이상에서 4~5분 정도 끓입니다.

9. 믹서에 3의 우유에 적신 빵, 5의 닭육수, 8의 소스를 붓고, 호두, 치즈, 강황, 쿠민, 소금을 넣어 곱게 갑니다.

10. 9를 팬에 부어 끓입니다. 소스가 끓기 시작하면 4의 손질해 둔 닭가슴살을 넣고 잘 섞어준 후, 3분간 센불에서 저어가며 끓이면 완성입니다.

COOK's TIP

- 완성된 아히 데 갈리나에 삶은 감자와 달걀, 블랙 올리브를 곁들여 밥과 함께 먹으면 좋습니다.
- 아히 아마리요(Aji amarillo) 고추가 없다면 아히 아마리요 페이스트나 파프리카 + 매운 고추로 대체할 수 있습니다.
- 빵에 우유를 부어 적실 때, 보통 우유를 넣는 것이 일반적이지만 코코넛우유를 넣으면 훨씬 더 고소합니다.
- 파마산치즈 대신 각자가 선호하는 치즈를 1~2장 넣어도 좋습니다.

Chapter 4 | MAIN DISH

메인요리

ROPA VIEJA

로파 비에하 /
소고기 채소덮밥 [쿠바, 파나마, 푸에르토리코]

4인분 · 25분 · 20분

영양성분(100g) … 열량 102.1kcal, 탄수화물 6.1g, 단백질 12.3g, 지방 3.2g

기름을 뺀 소고기에 토마토 등의 채소를 가득 넣어 만든 건강한 덮밥으로 미국의 마이애미나 필리핀에서도 많이 먹는 음식입니다. 완전히 익은 채소로 만들어야 맛있으며 밥이나 검은콩(리프라이드 빈/p.72)과 함께 먹으면 더욱 좋습니다.

〈소고기 & 육수〉
소고기(우둔, 양지) 600g
양파 1개
후추 1ts or 통후추 10알
물 800ml

〈로파 비에하〉
식용유 1Ts
양파 1개(180g)
빨강 파프리카 1개(150g)
피망 1개(150g)

다진 마늘 1.5Ts
토마토통조림 1캔(425g)
케첩 2Ts
소금 2ts
쿠민 1ts
오레가노 1ts
카옌페퍼 or 고춧가루 1/2ts
육수 120~150ml
식초 1/2Ts
* 그린 올리브(pimento stuffed 스페인산) 4개
할라피뇨 or 청양고추 1개(40g)

1. 압력솥에 소고기와 양파, 후추, 물을 넣어 센불에서 20분간 끓인 후, 김이 충분히 빠져 소리가 나지 않을 때까지 뜸을 들여 익힙니다.

2. 끓이는 동안 채소를 준비합니다. 양파는 얇게 채 썰고 빨강 파프리카와 피망은 1cm 미만으로 두껍게 자릅니다. 그린 올리브는 잘게 다지고 할라피뇨는 둥글게 썹니다.

3. 1에서 다 익은 소고기는 건져낸 다음 포크 2개를 이용해서 잘게 찢고, 육수는 체에 밭쳐 기름을 제거합니다.

4. 달군 팬에 식용유와 양파를 넣어 양파가 투명해질 때까지 볶다가 빨강 파프리카와 피망, 다진 마늘을 넣고 볶습니다.

5. 피망이 부드럽게 익으면 3에서 잘게 찢은 소고기와 토마토통조림, 케첩, 소금, 쿠민, 오레가노, 카옌페퍼를 넣어 골고루 섞어가며 2분간 볶습니다.

6. 3에서 체에 내린 육수와 식초를 붓고 조금 센불에서 바르르 끓입니다.

7. 마지막으로 다진 그린 올리브와 할라피뇨를 넣고, 1분간 더 끓이면 완성입니다.

COOK's TIP

· 우둔살과 양지를 사용하면 장조림처럼 잘 찢어지지만, 칼로 얇게 썰어주는 것도 좋습니다.
· 익은 소고기는 포크를 사용하면 손을 데지 않고 편하게 찢을 수 있습니다.

MOLE CHICKEN
몰레 치킨

🍱 4인분 🍴 15분 🍲 20분

영양성분(100g) … 열량 335,2kcal, 탄수화물 14,0g, 단백질 36,6g, 지방 14,5g

몰레 치킨은 닭육수를 만들고 남은 닭고기에 초콜릿이 들어간 몰레 소스(몰레 뽀블라노/mole poblano)를 뿌려서 먹는 음식입니다. 돼지고기나 닭고기를 구워 몰레 소스를 뿌리면 더욱 맛있으며 밥이나 토르티야와 함께 먹기도 합니다.

〈몰레 치킨〉
닭다리살 or 닭가슴살 1.1kg(4~6조각)
소금 2~3ts
후추 1ts
식용유 약간
몰레 소스(p.304) 2컵
통깨 약간

〈곁들임 재료〉
라임
고수
멕시칸 라이스(p.184)

1. 기름을 살짝 제거하고 물기를 닦은 닭고기에 소금과 후추를 뿌려 15분간 재웁니다.

2. 중불로 달군 팬에 식용유를 두르고 1의 재운 닭고기를 넣어 앞뒤가 노릇노릇해지도록 굽습니다. 뚜껑을 덮어 익히면 속까지 빠르게 익힐 수 있습니다.

3. 304쪽을 참고해 몰레 소스를 만들고 2의 닭고기에 부은 다음 통깨를 뿌리면 완성입니다.

COOK's TIP

- 미리 만들어 둔 몰레 소스가 있다면 따뜻하게 데운 다음 사용하고, 시판용 몰레 소스를 사용할 경우 소스와 물을 1 : 2~3의 비율로 섞어 데운 후 사용하면 됩니다.
- 완성된 몰레 치킨에 라임과 고수, 멕시칸 라이스를 곁들이면 더욱 좋습니다.

SALMON & TEQUILA SAUCE
연어구이 & 테킬라 소스 [멕시코]

🍲 2~3인분 🍴 5분 🍳 17분

영양성분(100g) ··· 열량 185.9kcal, 탄수화물 1.1g, 단백질 13.6g, 지방 11.1g

구운 연어 위에 멕시코의 대표 증류주인 '테킬라'를 이용해 만든 소스를 곁들여 먹는 음식입니다. 테킬라 소스가 연어의 비린 맛을 없애주고 식감을 더욱 부드럽게 해주기 때문에 생선을 좋아하지 않는 사람도 부담없이 즐길 수 있습니다. 연어 이외에 다른 흰살생선으로 만들어도 좋습니다.

〈연어구이〉
연어 2~3조각(500g)
소금 약간
후추 약간
올리브오일 2Ts

〈테킬라 소스〉
버터 3Ts(2Ts + 1Ts)
다진 양파 1Ts(15g)
다진 마늘 1ts(5g)
다진 고수 1~1.5Ts(5~8g)
테킬라 100ml
생크림 or 헤비크림 3Ts
라임즙 2Ts
소금 1/4~1/2ts
쿠민 1/4~1/2ts
후추 1/4ts

1. 연어에 소금과 후추를 뿌려 3분간 재웁니다. 달군 팬에 올리브오일을 두르고 재운 연어를 올려 앞뒤로 골고루 익혀 연어구이를 만듭니다.

2. 다른 팬을 약불로 달구고 버터 2Ts과 다진 양파, 마늘을 넣어 볶다가 고수를 넣습니다. 고수를 살짝 볶은 다음 테킬라를 부어 소스 양이 반으로 줄어들 때까지 졸입니다.

3. 2에 생크림과 버터 1Ts, 라임즙, 소금, 쿠민, 후추를 넣고 잘 저으면서 끓여 테킬라 소스를 만듭니다.

4. 그릇에 3의 테킬라 소스를 2Ts 정도 담고, 그 위에 1의 연어구이를 올린 후 남은 소스를 부으면 완성입니다.

COOK's TIP

- 테킬라의 알코올은 소스를 졸이는 과정에서 다 날아가기 때문에 걱정하지 않아도 됩니다.
- 팬 위에 테킬라를 부을 때는 반드시 불을 약불로 줄이고 부어야 합니다. 센불에서 테킬라를 부으면 자칫 불이 붙을 수 있습니다.
- 그릇에 소스를 살짝 담고 그 위에 연어를 올려야 소스가 연어에 잘 배어 맛있습니다.

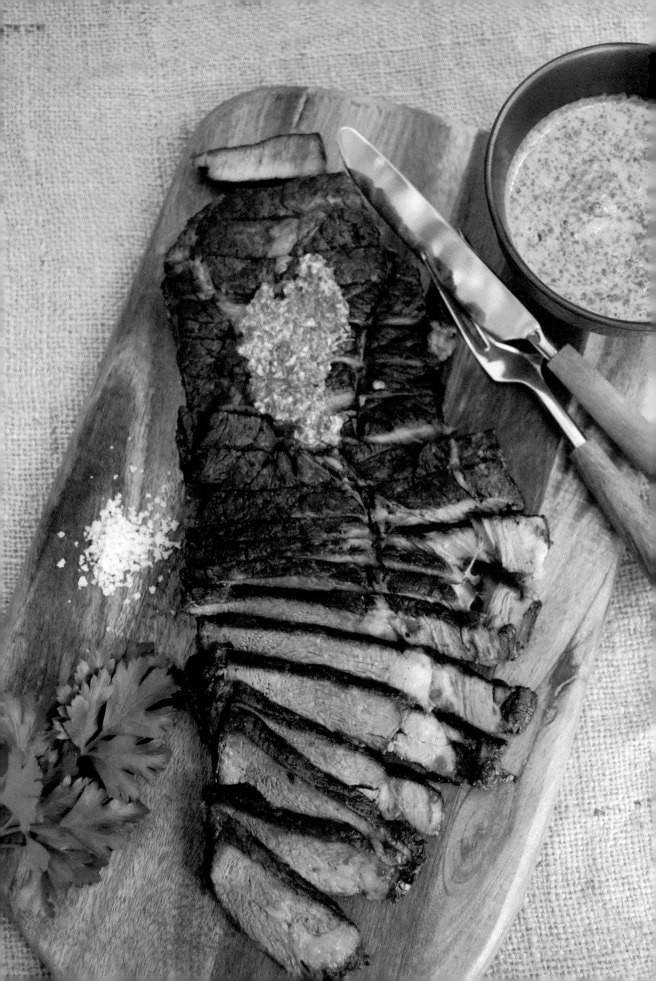

ASADO & CHIMICHURRI
아사도 & 치미추리 /
스테이크와 허브소스 [아르헨티나]

2인분 　 1분 　 2시간

아사도 / 영양성분(100g) ··· 열량 210.5kcal, 탄수화물 0.2g, 단백질 18.9g, 지방 13.8g
치미추리 / 영양성분(100g) ··· 열량 310.9kcal, 탄수화물 5.9g, 단백질 1.2g, 지방 32.3g

고기를 열로 찌듯이 익힌 다음 소금을 뿌려 숯불에 굽는 요리인 '아사도'에 아르헨티나의 대표 스테이크 소스인 상
큼한 치미추리를 곁들였습니다. 아사도는 주로 소고기의 갈빗살을 이용해서 만들지만 소시지나 초리조(p.313) 등
을 구워도 좋습니다. 여기서는 간단하게 오븐을 사용해 만들도록 하겠습니다.

〈아사도〉
스테이크용 소고기 600g
올리브오일 2ts
소금(암염) 1~1.5ts

* 레몬 2개

〈치미추리〉
올리브오일 4Ts
레몬즙 3Ts
레드와인 식초 1Ts
* 다진 양파 1Ts(15g)
마늘 4쪽
파슬리 20g(1/2컵)
고수 or 파슬리 20g(1/2컵)
오레가노 1/2ts
소금 1/4ts
고추씨 1/4ts or 고춧가루 1/2ts

1. 스테이크용 소고기의 양면에 올리브오일을 바른 후 소금을 솔솔 뿌려 밑간을 합니다.

2. 오븐 팬에 쿠킹호일을 깔고 랙을 얹어 바닥에 고기가 닿지 않도록 한 다음, 200℃/400℉로 예열한 오븐에 넣어 15분간 굽습니다. 그다음 고기를 뒤집어서 5분간 더 구운 후, 85℃/185℉로 온도를 낮춰서 1시간 동안 익힙니다.

3. 고기가 익는 동안 치미추리 재료를 준비합니다.

4. 3의 모든 재료를 푸드 프로세서에 넣고 곱게 갈아 치미추리를 만듭니다.

5. 2의 1시간 동안 익힌 고기를 꺼내 옆에 레몬을 잘라 올리고 30분 더 익힙니다.

6. 다 익은 고기를 먹기 좋은 크기로 썰고 4의 치미추리를 곁들이면 완성입니다.

COOK's TIP

- 소고기는 갈빗살이나 스테이크용으로 준비한 후 굽기 30분 전에 냉장고에서 꺼내 찬 기운을 없애줍니다. 고기는 차가울 때 굽는 것보다 실온 상태일 때 굽는 게 가장 맛있습니다.
- 고기의 두께에 따라 익는 시간이 달라질 수 있으니 1시간 30분 후에 고기를 잘라보고 시간을 조절합니다. 겉은 잘 익었지만 속은 약간 덜 익어 수비드 같이 부드러운 것이 좋습니다.
- 2번 과정에서 고기를 뒤집은 후에 오븐에 바로 넣어야 육즙이 빠져나오지 않으며, 서서히 낮은 온도로 구워야 속까지 골고루 익습니다.
- 고기와 함께 구운 레몬은 고기에 뿌려 먹거나 치미추리 소스에 섞어 함께 먹습니다.

ANTICUCHOS

안티쿠추스 /
소고기 꼬치구이 [페루, 볼리비아, 칠레]

🍚 꼬치 6개 🍴 35분 🍲 8분

안티쿠추스 / 영양성분(100g) … 열량 228.1kcal, 탄수화물 5.1g, 단백질 16.9g, 지방 9.7g
파프리카 소스 / 영양성분(100g) … 열량 100.4kcal, 탄수화물 14.3g, 단백질 1.2g, 지방 5.1g

남미, 특히 잉카제국에서 많이 먹었다는 안티쿠추스는 원래 소의 심장으로 만들지만 스테이크용 고기나 닭고기로도 만들 수 있습니다. 우리나라의 닭꼬치처럼 길거리 푸드로 인기 있으며 찐 감자나 마늘을 꼬치에 끼워서 먹기도 하고 파프리카 소스나 땅콩 소스에 찍어 먹기도 합니다.

〈안티쿠추스〉
소고기 등심 or 안심 650~700g
(레드)와인 식초 3Ts
올리브오일 2Ts
* 꿀 2Ts
구운 청양고춧가루 1.5Ts or 아히 아마리요(aji amarillo) 2ts
다진 마늘 1Ts(3쪽)
소금 2/3ts
후추 1/2ts
쿠민 1ts
강황 or 울금 1/2ts

오일 약간

〈파프리카 소스〉
노랑 파프리카 1개
다진 파 4Ts(36g)
* 꿀 2Ts
올리브오일 1Ts
레몬즙 or 라임즙 1Ts
물 1Ts
식초 1Ts
쿠민 1ts
후추 1/4ts
강황 or 울금 1/4ts
아히 아마리요 1ts or 구운 청양고춧가루 1/2Ts
마늘 1쪽

1. 구운 청양고춧가루를 준비합니다. 만약 없다면 기름을 두르지 않은 마른 프라이팬에 고춧가루를 넣고 약불로 저어 가면서 볶아 만들어둡니다.

2. 소고기는 2.5cm 크기로 깍둑썰기하고, 그 밖에 모든 재료를 준비합니다.

3. 볼에 2의 재료를 모두 넣고 소고기에 양념을 골고루 묻힌 다음, 냉장고에 30분~1시간 정도 넣어 재웁니다.

4. 고기를 재우는 사이 파프리카 소스를 만듭니다. 노랑 파프리카를 불 위에 바로 올려 겉면이 검게 탈 때까지 돌려 가며 익힙니다.

5. 구운 파프리카는 종이봉투나 쿠킹호일로 감싸 10분간 놔둔 후 키친타월을 이용해 껍질을 벗깁니다.

6. 껍질을 벗긴 파프리카는 적당한 크기로 자르고, 그 밖에 모든 재료를 준비합니다.

7. 푸드 프로세서에 6의 재료를 모두 넣고 곱게 갈아 파프리카 소스를 만듭니다.

8. 3의 재운 소고기를 꼬치에 끼우고 오일을 바른 다음, 예열한 그릴에 올려 센불에서 돌려가며 6분간 굽습니다. 구운 안티쿠추스에 7의 파프리카 소스를 곁들이면 완성입니다.

COOK's TIP

- 고기를 재울 때 식초를 넣으면 육질이 단단해지고, 살균 효과가 있어 고기의 잡냄새를 없앨 수 있습니다. 하지만 너무 오래 재우면 고기가 단단 해질 수 있으니 1시간을 넘기지 않도록 합니다.
- 나무로 된 꼬치를 사용할 경우 깨끗하게 씻어서 물에 30분 이상 담가 제조 과정에서 들어간 나쁜 성분을 모두 빼줍니다.
- 아히 아마리요(aji amarillo)는 페루의 고추로 청양고추보다 2배 정도 더 매운 고추입니다. 아히 팬카(aji panca)라는 고추장을 구하셨다면 아히 아마리요 대신 사용해도 괜찮습니다.

EL MOLCAJETE
엘 모카예테 / 해산물 찜

🍚 2~3인분　🍴 5분　🍲 20분

영양성분(100g) … 열량 113.8kcal, 탄수화물 6.8g, 단백질 16.0g, 지방 2.2g

엘 모카예테는 '절구'를 뜻하는 말로, 음식을 끝까지 따뜻하게 먹을 수 있도록 구운 절구에 담아 대접하는 요리입니다. 깔도 데 까마론(caldo de camaron, 새우 스튜)이나 깔도 데 마리스코스(caldo de mariscos, 해산물 스튜)와 비슷하지만 국물이 적어 탕과 찜의 중간 정도이며 우리나라의 꽃게탕과 비슷한 맛이 납니다.

〈엘 모카예테〉
식용유 1Ts
새우 12~13개(250g)
조개 관자(가리비) 7개(250g)
동태 or 흰살생선 150g
엔칠라다 소스(p.308) 1컵
소프리토 소스(p.206) 1컵
게살 or 게맛살 150g

〈곁들임 재료〉
다진 할라피뇨 약간
토르티야 or 밥

1. 절구나 뚝배기는 깨끗이 씻어 오븐 용기에 올린 다음 200℃/400℉로 예열한 오븐에 넣어 뜨겁게 달구고, 그 사이에 다른 재료들을 준비합니다.

2. 달군 팬에 식용유를 두르고 새우와 관자, 동태를 넣어 앞뒤로 살짝 익힙니다.

3. 2에 엔칠라다 소스와 소프리토 소스를 넣은 후 게살을 넣고, 살살 섞으며 중불에서 3분간 끓입니다.

4. 1의 달군 절구나 뚝배기를 꺼내서 3을 붓고 쿠킹호일로 뚜껑을 만들어 덮습니다. 그다음 다시 200℃/400℉의 오븐에 넣은 후 8~10분간 찜이 되도록 익히면 완성입니다.

COOK's TIP

- 엔칠라다 소스는 308쪽을, 소프리토 소스는 206쪽을 참고해서 만듭니다.
- 완성한 엘 모카예테는 할라피뇨를 살짝 다져 올리고 토르티야나 밥을 곁들여 먹으면 좋습니다.
- 새우나 관자 대신 오징어 등의 다른 해산물로 만들어도 맛있습니다.

CHIPOTLES CREAM SAUCE CHICKEN
치폴레 크림소스 치킨

2~3인분 | 25분 | 25분

영양성분(100g) … 열량 124.5kcal, 탄수화물 4.7g, 단백질 10.7g, 지방 7.3g

치폴레 칠리는 매운 고추를 훈제한 것으로 텍스멕스(Tex−Mex/텍사스 + 멕시코) 요리에 많이 사용하는 재료입니다. 치폴레 칠리를 넣어 만든 부드러운 크림소스에 치킨을 함께 곁들이면 치킨의 맛이 한층 더 업그레이드됩니다.

〈치킨〉
닭가슴살 or 닭다리살 2조각(560g)
갈릭파우더 1/2Ts
소금 1ts
후추 1/4ts
올리브오일 or 식용유, 버터 1Ts

〈치폴레 크림소스〉
(치폴레아도보 통조림에 들어 있는)치폴레 칠리 3개(45g)
(치폴레아도보 통조림에 들어 있는)아도보 소스 1Ts
토마토 1개(100g)
* 토마토 페이스트 1Ts

물 1/2컵(120ml)
* 쿠민 1/2ts
올리브오일 or 식용유, 버터 1Ts
양파大 1개(200g)
휘핑크림 or 헤비크림 1/2컵(120ml)
우유 2/3컵(160ml)
다진 고수 or 오레가노 4Ts
소금 약간
후추 약간

〈곁들임 재료〉
밥 약간

1. 닭가슴살은 포를 뜨듯이 반으로 나눠 갈릭파우더와 소금, 후추를 골고루 뿌려 살짝 밑간을 합니다.

2. 토마토는 꼭지를 떼고 포크를 끼운 다음 불에서 직화로 굽고 껍질을 벗깁니다.

3. 푸드 프로세서에 구운 토마토와 치폴레 칠리를 적당한 크기로 썰어 넣고 아도보 소스와 토마토 페이스트, 물, 쿠민을 넣어 곱게 갈아둡니다.

4. 달군 팬에 올리브오일을 두르고 1의 닭가슴살을 넣어 앞뒤로 노릇노릇하게 구운 다음 그릇에 덜어둡니다.

5. 팬의 기름을 닦은 다음, 다시 올리브오일을 두르고 양파를 채 썰어 넣고 볶습니다.

6. 양파가 투명해질 정도로 익으면 3의 소스를 넣고, 휘핑크림과 우유를 부어 끓입니다.

7. 소스가 끓기 시작하면 4에서 건져낸 닭가슴살을 넣고 소스를 끼얹어가며 앞뒤로 각각 1분 이상씩 익힙니다. 마지막으로 다진 고수를 뿌리고, 소금과 후추로 간을 맞추면 완성입니다.

COOK's TIP
• 완성된 치폴레 크림소스 치킨은 밥과 함께 곁들여 먹어도 좋습니다.

CHILE COLORADO
칠리 콜로라도 / 갈비찜 [멕시코]

🍚 4인분　🍴 30분　🍲 25분

영양성분(100g) … 열량 125.9kcal, 탄수화물 5.3g, 단백질 14.4g, 지방 5.1g

칠리 콜로라도는 맵지 않은 칠리에 토마토를 넣어 만든 멕시코 요리로 우리의 갈비찜과 비슷하면서도 색다르게 먹을 수 있는 찜 요리입니다. 기호에 따라 매운 고추를 넣어 만들기도 합니다.

〈칠리 콜로라도〉
소고기 안심 or 돼지 목살 900g
올리브오일 or 포도씨유 2Ts
소금 2ts
후추 1ts
감자 or 당근 300g

〈칠리 콜로라도 소스〉
앤초 칠리 4개(손질 후 25g)
포블라노 칠리 2개(손질 후 40g)
양파 1~2개(220g)
마늘 3쪽
할라피뇨 1~2개 or 청양고춧가루 1ts
토마토통조림 1캔(14oz, 411g)
물 2컵

소금 1/2Ts
설탕 1ts
쿠민 1ts
오레가노 1ts
(와인)식초 1ts

1. 앤초 칠리와 포블라노 칠리는 깨끗이 씻은 다음 가위로 반을 잘라 씨를 제거합니다.

2. 냄비에 1의 손질한 칠리와 양파, 마늘, 할라피뇨, 토마토통조림, 물을 넣은 다음 중약불에서 뚜껑을 덮고 양파가 무를 때까지 25분간 끓입니다.

3. 2를 푸드 프로세서에 넣고 소금, 설탕, 쿠민, 오레가노, 식초를 함께 넣어 간 다음 체에 곱게 내려 칠리 콜로라도 소스를 만듭니다.

4. 소고기 안심은 3cm 크기로 깍둑썰고 올리브오일과 소금, 후추를 넣어 10분간 재웁니다.

5. 달군 팬에 4의 재운 소고기 안심과 먹기 좋은 크기로 썬 감자를 올리고 노릇노릇하게 굽습니다.

6. 고기가 익으면 3의 소스를 전부 부어 골고루 섞고, 뚜껑을 덮어 약불에서 20~30분간 부드럽게 조리면 완성입니다.

COOK's TIP
- 칠리 콜로라도 소스는 끓여서 만들었기 때문에 소독한 밀폐용기에 넣으면 냉장고에서 한 달 정도 보관할 수 있습니다.
- 고기는 기름이 약간 있는 부위를 사용해야 풍미도 있고 끓이는 시간도 단축할 수 있습니다. 만약 기름이 적은 부위를 사용한다면 낮은 온도에서 오래 끓여야 부드럽게 먹을 수 있습니다.
- 소스에 다양한 채소를 넣어 만들 수 있으며, 완성된 칠리 콜로라도는 밥과 함께 먹어도 좋습니다.

CARNE ASADA
카르네 아사다 / 로스트 미트 [북부 멕시코]

🍚 3~4인분 　🍴 5분 　🍲 10분

영양성분(100g) ··· 열량 235.2kcal, 탄수화물 5.3g, 단백질 16.4g, 지방 15.2g

스페인어로 '구운 고기'라는 뜻을 가지고 있는 카르네 아사다는 아사도(p.130)와는 다르게 우리나라의 불고기와 같이 맛있는 양념에 재운 다음 구워 먹는 것이 특징입니다. 카르네 아사다는 적당한 크기로 잘라 타코 속에 넣어 부리토처럼 먹는 것이 가장 일반적이며 북부 멕시코에서 특히 많이 먹는 요리입니다.

〈카르네 아사다〉

소고기(갈매기살, 치마살) 600g
라임즙 or 레몬즙, 오렌지즙 4Ts
간장 3Ts
올리브오일 3Ts(45g)
설탕 2Ts
다진 마늘 1Ts
다진 청양고추 or 할라피뇨 1~2Ts

쿠민 1ts
소금 1/4ts
후추 1/4ts
* 오레가노 1/4ts
* 다진 고수 4Ts(20g)

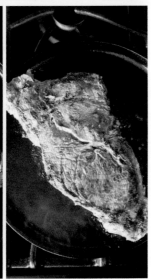

1. 소고기를 제외한 모든 양념 재료를 골고루 잘 섞습니다.

2. 1의 양념에 소고기를 넣고 3~8시간 정도 냉장고에 넣어 재웁니다. 중간에 고기를 한 번 뒤집으면 간이 골고루 더 잘 뱁니다.

3. 중불 이상으로 달군 팬이나 그릴에 2의 재운 고기를 올려 앞뒤로 노릇노릇하게 5분 이하로 구운 다음, 따뜻한 접시에 옮겨 5~10분간 레스팅(resting)하면 완성입니다.

COOK's TIP

- 완성된 카르네 아사다를 불고기처럼 얇게 썰어서 타코를 만들면 맛있게 드실 수 있습니다.
- 소고기를 재울 때 처음부터 양념을 위생봉투에 넣어 섞은 다음 고기를 넣어 재우면 훨씬 간편합니다.
- 양념은 라임즙과 레몬즙, 오렌지즙을 섞어서 만들기도 하는데, 셋 다 넣을 경우 총 1/2컵(120ml)을 넣고 설탕은 생략합니다. 물론 셋 중 한 가지만 넣어도 좋습니다.
- 다 익은 고기를 레스팅(resting)하면 육즙이 잘 스며들어 더욱 맛있습니다.

TAMALES
타말 / 옥수수 호빵 [남미]

🍚 10~12개　　✏️ 1시간　　🍲 50분

영양성분(100g) … 열량 152.2kcal, 탄수화물 18.1g, 단백질 6.4g, 지방 6.0g

타말은 남미 대부분의 나래(페루, 아르헨티나, 쿠바, 에콰도르, 볼리비아, 칠레 등)에서 즐겨먹는 음식으로 우리나라의 호빵이나 만두와 비슷합니다. 옥수수로 만든 고소한 반죽에 고기, 치즈, 채소, 과일 등을 넣어 옥수수껍질이나 바나나 잎에 싸서 만들어 먹으며, 만약 옥수수껍질이 없다면 간편하게 종이호일을 이용해 만들어도 좋습니다.

〈타말 소〉
돼지목살 or 등심 600g
양파 1개
마늘 2쪽
소금 1/2Ts
물① 800ml

고추 40g(손질 후 30g)
물② 500ml
소금 1ts

〈도우〉
상온 무염버터 2/3컵(150g)
마사 하리나(옥수수가루) 2컵(240g)
베이킹파우더 1ts
소금 1/2ts
고기육수 400ml

옥수수껍질 12~20장
사워크림 1컵

1. 압력솥에 돼지고기와 크게 자른 양파, 칼등으로 살짝 으깬 마늘, 소금, 물①을 넣고 20~30분간 삶습니다.

2. 고추는 꼭지와 씨를 제거한 다음 물②, 소금과 함께 냄비에 넣고 중불 이하에서 끓입니다.

3. 1을 체에 걸러 육수와 건더기로 나누고, 고기는 따로 건져내 포크로 잘게 찢어줍니다.

4. 2에서는 고추만 건져내 믹서에 넣어 갈고, 체에 곱게 내립니다.

5. 3의 찢은 고기와 4의 고추소스를 잘 섞은 다음 10분 정도 재워서 속을 만듭니다.

6. 옥수수껍질은 깨끗이 씻은 다음 따뜻한 물에 넣어 돌이나 무거운 그릇으로 눌러 두었다가 물기를 닦아 준비합니다.

7. 볼에 상온의 무염버터를 넣고 휘핑해 부드럽게 풀어준 다음 마사 하리나와 베이킹파우더, 소금을 넣어 가볍게 섞고 3에서 걸러낸 육수의 기름을 제거한 후 넣어서 반죽합니다.

8. 물기를 닦은 옥수수껍질의 윗부분에 7의 반죽을 5mm 두께로 바르고, 5의 속을 2Ts 정도 얹습니다.

9. 반죽과 속이 밖으로 나오지 않도록 옥수수껍질로 잘 감쌉니다.

10. 9를 찜기에 올려 40분간 찐 다음, 한 김을 빼고 사워크림과 함께 곁들이면 완성입니다.

COOK's TIP

- 1번 과정에서 일반 냄비를 사용한다면 2시간 정도는 삶아야 고기가 부드러워집니다.
- 10번 과정에서 찜기의 가운데에 그릇을 뒤집어 놓고 그 위에 타말을 올리면 속이 빠져나오지 않게 찔 수 있습니다.
- 옥수수껍질을 미리 벗기면 모양이 흐트러지니 먹기 직전에 하나씩 벗겨서 먹습니다.

FEIJOADA
페이조아다 / 콩 스튜 [브라질, 포르투갈]

🍚 6인분 🍴 하룻밤 🍲 3시간

영양성분(100g) … 열량 203.3kcal, 탄수화물 7.2g, 단백질 14.5g, 지방 11.9g

페이조아다는 포르투갈어로 콩을 뜻하는 '페이장(feijão)'에서 유래된 이름으로 브라질과 포르투갈 등에서 즐겨 먹는 콩 스튜입니다. 브라질에서는 '페이조아다 아 브라질레이라'라고도 부르며 검은콩을 넣은 모둠 갈비찜 같은 고기 요리에 양배추나 근대를 볶아 함께 먹는 것이 특징입니다.

〈페이조아다〉
검은콩 300g(불린 후 680g)
베이컨 100g
갈빗살(소 or 돼지) or 목살 900g
올리브오일 4Ts
양파 3개(600g)
다진 마늘 3Ts
초리조(p.313) or 소시지 300g
물 750ml
월계수잎 3~4개
와인식초 or 현미식초 2Ts
* 토마토통조림 1캔(410g)
소금 약간

〈근대 볶음〉
근대 or 아욱, 양배추 2묶음(손질 후 400g)
올리브오일 1Ts
다진 마늘 3Ts
고추씨 1/2ts
소금 1ts

1. 검은콩은 깨끗하게 씻은 다음 물을 충분히 붓고 하룻밤을 불린 후에 물기를 빼서 준비합니다.

2. 갈빗살은 2.5cm 크기로 깍둑썰고 양파는 다집니다. 초리조도 적당한 크기로 잘라 준비합니다.

3. 뚜껑이 있는 두꺼운 팬에 베이컨을 넣고 갈색이 되도록 볶아 기름을 뺀 다음 꺼냅니다.

4. 베이컨 기름을 닦아낸 후 갈빗살을 넣어 센불에서 노릇노릇하게 구운 다음 꺼냅니다.

5. 다시 팬을 닦고, 이번에는 올리브오일과 다진 양파를 넣어 5~6분간 충분히 볶습니다. 양파에서 단맛이 날 정도로 볶은 다음 다진 마늘과 초리조를 넣어 3분간 볶습니다.

6. 5에 4의 갈빗살과 1의 불린 검은콩을 넣고 물을 부어 센불에서 끓입니다.

7. 월계수잎과 식초를 넣은 다음 국물이 끓으면 중약불로 줄여 2시간 정도 콩이 무를 때까지 뚜껑을 덮고 끓입니다.

8. 2시간 뒤 토마토통조림과 3의 베이컨을 넣고 20~30분간 뚜껑을 열고 끓이다가 소금으로 간을 맞추면 완성입니다.

9. 근대 볶음을 만듭니다. 근대를 깨끗이 씻은 다음 줄기는 자르고 잎 부분만 돌돌 말아서 5mm 두께로 썹니다.

10. 달군 팬에 올리브오일을 두르고 근대를 넣어 볶다가 근대가 부드러워지면 다진 마늘과 고추씨를 넣고 소금으로 간을 맞추면 완성입니다.

COOK's TIP

• 베이컨과 갈빗살을 미리 한번 구우면 육즙은 남고 기름은 빠져 더욱 맛있습니다.

• 국물의 양을 조금 많이 잡아 육개장처럼 떠먹어도 좋습니다.

• 베이컨과 초리조의 종류에 따라 소금의 양이 달라질 수 있기 때문에 소금은 한꺼번에 넣지 말고 조금씩 넣어 간을 맞춥니다.

PUERTO RICAN PERNIL
푸에르토 리칸 퍼닐 / 구운 돼지고기 [남미]

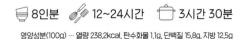

8인분   12~24시간   3시간 30분

영양성분(100g) … 열량 238.2kcal, 탄수화물 1.1g, 단백질 15.8g, 지방 12.5g

겉은 바삭하고 속은 촉촉한 구운 돼지고기 요리인 푸에르토 리칸 퍼닐입니다. 크리스마스에 미국에서는 터키(칠면조)를 구워 먹는다면, 남미(푸에르토리코, 도미니카공화국, 쿠바 등)에서는 퍼닐을 먹습니다. 맛있게 만들어 다 함께 즐길 수 있는 음식으로 쿠바 샌드위치(p.234) 안에 넣어도 좋고, 소프리토(p.206)를 넣어 만들어도 좋습니다.

〈푸에르토 리칸 퍼닐〉

통돼지목살 or 통돼지다리 2~2.5kg
소금 2ts
후추 1ts
마늘 8~9쪽(40g)
고수 1/2줌(20~25g)
올리브오일 3Ts

식초 3Ts
오레가노 1/2Ts or 생 오레가노 2Ts
쿠민 1ts
(치폴레아도보 통조림에 들어 있는)치폴레 칠리 1개(27g)
(치폴레아도보 통조림에 들어 있는)아도보 소스 1~2ts

159

1. 통으로 준비한 돼지고기는 물로 한번 씻은 다음 지방이 있는 부분에 3~4cm 간격으로 두껍게 칼집을 냅니다.

2. 소금과 후추를 섞은 다음 고기 표면에 골고루 발라 살짝 밑간을 합니다.

3. 마늘과 고수, 올리브오일, 식초, 오레가노, 쿠민, 치폴레 칠리, 아도보 소스를 푸드 프로세서에 모두 넣고 곱게 갈아 소스를 만듭니다.

4. 3의 소스를 2의 고기에 골고루 바른 뒤, 냉장고에 넣어 8~24시간 정도 재웁니다. 이때 최대 48시간을 넘지 않도록 합니다.

5. 요리하기 1~2시간 전에 4의 재운 고기를 꺼내 오븐용 내열용기에 넣어 실온 상태로 만듭니다.

6. 쿠킹호일로 내열용기의 뚜껑을 만들어 덮고 150℃/300℉로 예열한 오븐에 넣어 3시간 동안 굽습니다. 3시간 뒤 뚜껑을 열고 30분간 더 구운 다음 오븐에서 꺼내 20분간 레스팅하면 완성입니다.

COOK's TIP
- 고기에 칼집을 내야 소스가 안까지 잘 스며듭니다.
- 냉장고에서 숙성시킨 고기는 굽기 전에 실온에 꺼내 냉기를 없앤 뒤 구워야 더 맛있습니다.

COSTILLAS DE CERDO
코스띠야스 데 세르도 /
돼지갈비 구이 [멕시코, 푸에르토리코]

4인분　　25분　　50분

영양성분(100g) … 열량 151.5kcal, 탄수화물 7.8g, 단백질 10.5g, 지방 8.8g

멕시코와 푸에르토리코에서 먹는 음식으로 돼지갈비를 아도보 소스로 양념한 후 구운 돼지갈비 구이입니다. 아도보는 양념, 소스를 뜻하는 용어로 나라마다 넣는 재료가 달라 각기 다른 맛을 느낄 수 있습니다. 여기서는 라틴아메리카의 아도보 소스를 활용해 음식을 만들어보겠습니다.

〈코스띠야스 데 세르도〉
돼지 등갈비 1.4kg
물 2L
식초 2Ts

〈아도보 양념〉
토마토 1개(200g)
양파 1/2개(120g)
마늘 3쪽
앤초 칠리 or 맵지 않은 건고추 1개
건고추 3개(12g)
물 400ml

식초 2Ts
꿀 2Ts
올리브유 1Ts
소금 1/2Ts
쿠민 1ts
오레가노 1ts
후추 1/4ts

* 알감자 600g

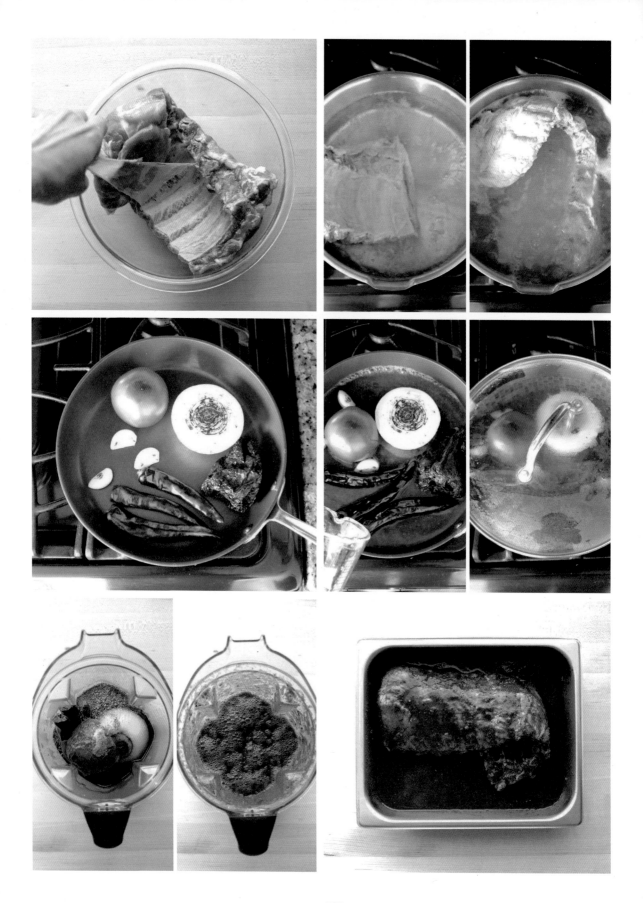

1. 돼지갈비는 핏물을 제거한 다음 안쪽에 있는 질긴 껍질을 손으로 잡아당겨 벗겨냅니다.

2. 팔팔 끓는 물에 식초와 1의 돼지갈비를 넣고 센불로 5분간 끓여 잡내와 기름기를 없앤 후 물에 깨끗이 헹굽니다.

3. 달군 프라이팬에 토마토와 양파를 먼저 넣고 굽다가, 뒤집으면서 마늘과 엔초 칠리, 건고추를 넣어 앞뒤로 노릇노릇하게 익힙니다.

4. 3의 팬에 물을 붓고 뚜껑을 덮어 10분간 중불에서 익힙니다.

5. 믹서에 4와 식초, 꿀, 올리브유, 소금, 쿠민, 오레가노, 후추를 넣은 후 곱게 갑니다.

6. 볼에 2의 돼지갈비와 5의 양념을 붓고, 3시간 이상 재웁니다.

7. 200℃/400℉로 예열한 오븐에 재운 돼지갈비를 넣고 20~25분 동안 구운 후 뒤집습니다.

8. 남은 양념에 알감자를 넣어 섞은 다음, 뒤집은 고기에 감자와 양념을 부어 30~35분간 더 구우면 완성입니다.

COOK's TIP

- 돼지갈비를 잘라 양념한 후에 프라이팬에서 앞뒤로 굽고, 양념과 알감자를 부어 뚜껑을 덮은 다음 익히면 갈비찜과 비슷한 느낌의 요리를 만들 수 있습니다.
- 엔초 칠리 대신 한국식 건고추를 구워 불맛과 매운맛, 단맛이 섞인 고추 소스를 만들어도 좋습니다.
- 아도보 양념에 들어가는 꿀은 생략 가능하며, 기호에 따라 가감할 수 있습니다.

LOMO SALTADO
로모 샬타도 / 찹스테이크 [페루]

🍚 4인분   🍴 10분   🍲 25분

영양성분(100g) … 열량 120,9kcal, 탄수화물 6,5g, 단백질 8,6g, 지방 5,4g

페루의 인기 있는 전통음식으로 소고기 등심으로 만든 찹스테이크입니다. 17세기에 중국 음식의 영향을 받아서 만들어졌으며, 기존의 찹스테이크와 다르게 감자튀김을 곁들여 먹고, 간장과 고추가 들어가 한국인 입맛에도 잘 맞는 요리입니다.

〈로모 샬타도〉
소고기 등심 500g
소금 1ts

올리브오일 or 식용유 1Ts + 1Ts
자색양파 1개(200g)
토마토 2~3개(350g)
아히 아마리요 1개(50g) or 아히 아마리요 페이스트 1Ts
다진 마늘 2ts
간장 2Ts

레드와인 식초 3Ts or 일반 식초 2Ts
소금 1/2ts
쿠민 1/2ts
후추 1/4ts
오레가노 1/4ts

〈곁들임 재료〉
냉동 감자튀김 200g
굵게 다진 고수 or 파 3Ts

1. 곁들여 먹을 냉동 감자튀김은 설명서에 따라 기름이나 에어프라이어에 넣어 튀깁니다.

2. 소고기 등심은 실온에 30분 정도 두어 해동한 다음 손가락만한 굵기로 굵게 썰고, 소금을 뿌려 밑간합니다.

3. 토마토는 6~8등분으로 나누고, 자색양파와 아히 아마리요는 굵게 채를 썹니다. 고수도 굵게 다져 준비합니다.

4. 달군 팬에 올리브오일 1Ts을 두르고 2의 소고기를 센불에서 5~6분 정도 잘 구운 후 덜어둡니다.

5. 고기를 굽던 팬에 올리브오일 1Ts을 두르고 양파를 넣어 5분 정도 볶습니다. 양파가 갈색으로 변하며 캐러멜라이징
   이 되도록 중불 이상에서 볶아주면 됩니다.

6. 5에 토마토와 아히 아마리요, 다진 마늘을 넣고 잘 섞으며 토마토가 익을 때까지 5~7분간 볶습니다.

7. 토마토가 익으면 간장, 레드와인 식초, 소금, 쿠민, 후추, 오레가노를 넣고 잘 섞습니다.

8. 4의 구운 소고기와 1의 튀긴 냉동감자, 3의 다진 고수를 넣어 잘 섞은 후 불을 끄면 완성입니다.

COOK's TIP

- 아히 아마리요 고추를 구하기 어렵다면, 매운 청양고추와 파프리카로 대체합니다.
- 냉동 감자튀김이 없다면, 프라이팬에 감자를 노릇노릇하게 구워서 곁들여도 좋습니다. 순서는 마찬가지로 먼저 감자를 구워 놓은 후 고기를
  굽습니다.
- 감자 대신 토마토를 더 넣고 싶다면 식초의 양을 줄입니다.

MATAMBRE
마탐브레 [아르헨티나]

🍲 4~6인분　　🍴 50분　　🍲 1시간

영양성분(100g) … 열량 149.9kcal, 탄수화물 2.3g, 단백질 15.5g, 지방 7.4g

아르헨티나 음식으로 고기와 채소를 함께 먹을 수 있는 마탐브레입니다. 업진살이나 옆양지(flank)를 넓적하게 펴고 그 안에 채소를 넣어 속을 채운 스테이크로 마치 김밥과 같은 모양입니다. 오븐 대신 직화로 구우면 더 맛있으니 미리 준비해서 캠핑 요리로 활용해보아도 좋습니다.

〈마탐브레〉
소고기(치맛살, 업진살, 옆양지, 우둔살) 1kg
소금 1/2ts

(홀그레인)머스터드 2Ts
다진 마늘 1/2Ts
치미추리(p.130) 3~4Ts
다진 파슬리 or 고수, 파 4Ts
올리브오일 1Ts
소금 약간

〈속재료〉
빨강 파프리카 1/2개(130g)
당근 1/2개(80g)
양파 1/2개(80g)
삶은 달걀 3개
다진 매운 고추 2Ts(18g) or 고추씨 1/4ts

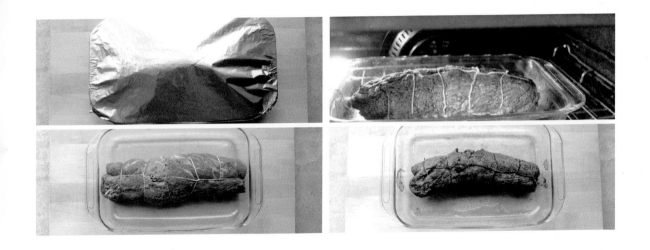

1. 빨강 파프리카, 당근, 양파는 2~3mm 정도의 두께로 채 썰고, 삶은 달걀은 길쭉하게 4등분으로 자릅니다. 다진 고추도 준비해둡니다.

2. 덩어리 소고기는 밑부분을 1cm 정도 남기고 반으로 잘라 펴고, 또다시 반으로 잘라 펴줍니다. 소고기가 나비 모양처럼 펴지고 찢어지지 않으면서 두께는 1cm 미만이 되도록 얇게 자르면서 펍니다.

3. 고기 망치로 소고기의 두께가 5mm 정도 되도록 두들기며 펴고, 소금을 살짝 뿌려 밑간합니다.

4. 3의 넓게 편 소고기에 머스터드와 다진 마늘, 치미추리를 펴 바르고 파슬리나 고수, 파 등을 흩뿌린 후, 올리브오일을 뿌립니다.

5. 1의 빨강 파프리카, 당근, 양파, 달걀, 매운 고추를 김밥 속처럼 가지런히 놓습니다.

6. 속재료가 밖으로 삐져나오지 않도록 소고기를 말고, 풀어지지 않도록 실로 묶은 다음, 소금을 살짝 뿌립니다.

7. 내열용기에 6의 소고기를 넣고 쿠킹호일로 뚜껑을 만든 후에 200℃/400℉로 예열한 오븐에 넣어 15분간 굽고, 180℃/350℉로 온도를 낮춰서 30분간 더 굽습니다.

8. 내열용기를 꺼내 육수를 덜어내고 쿠킹호일을 벗겨서 15분간 더 구우면 완성입니다. 마지막에 토치로 겉면을 구워 불맛을 살리면 더욱 좋습니다.

COOK's TIP

- 오븐이 아닌 프라이팬에 굽는다면, 소고기의 모든 면을 5분씩 돌려가며 굽고, 마지막에는 뚜껑을 덮어 10분 정도 레스팅하여 속을 익히면 됩니다.
- 소고기는 냉동실에 1시간 정도 보관해 살얼음이 얼어있을 때 썰어야 쉽게 잘 썰립니다.
- 우둔살로 만들 때는 3에서 기름을 조금 넣어 살이 부드러워지도록 연육작용을 한 후 만들면 더 좋습니다.
- 치미추리 소스가 없다면, 피망과 파채를 듬뿍 올리고 그 위에 올리브를 곁들여도 좋습니다.

PESCADO FRITO

페스카도 프리토 /
생선구이 [콜롬비아, 도미니카공화국, 푸에르토리코]

🍚 3~4인분 🍴 5분 🍲 25분

영양성분(100g) ··· 열량 167.1kcal, 탄수화물 11.4g, 단백질 14.1g, 지방 7.1g

우리나라의 생선구이와 비슷한 음식으로 스페인 남부의 음식이 콜롬비아와 도미니카공화국, 푸에르토리코에 전해져서 변형된 요리입니다. 일반적으로 도미 종류를 많이 사용하지만, 구하기 쉬운 조기로 만들어도 좋습니다.

〈페스카도 프리토〉
조기 or 도미 3마리(500~600g)
마늘 6쪽
라임즙 3Ts or 레몬즙 2Ts
소금 1/2ts
후추 1/4ts

튀김가루 or 밀가루 1컵
튀김용 식용유 적당량

〈곁들임 재료〉
마늘 후레이크
밥

1. 생선의 비늘을 제거합니다. 숟가락이나 칼로 꼬리에서 머리쪽으로 긁어 비늘을 제거하고, 깨끗이 씻은 후 물기를 닦아둡니다.

2. 마늘을 곱게 다진 후 볼에 넣고 라임즙, 소금, 후추와 함께 섞습니다.

3. 1의 손질한 생선을 2에 넣고 냉장고에서 2~12시간 정도 재웁니다. 이때 중간에 한두 번씩 뒤집어 앞뒤로 골고루 재웁니다.

4. 볼에 튀김가루를 넣고 3의 재운 생선을 넣은 다음 살살 흔들어 튀김옷을 골고루 묻힙니다.

5. 달군 팬에 식용유를 넉넉히 두르고 생선을 넣어 중간 이상의 불에서 앞뒤로 10분씩 튀깁니다.

6. 튀김이 거의 마무리될 때 3의 소스에서 다진 마늘만 건져내 함께 튀기면 완성입니다.

COOK's TIP

- 완성된 페스카도 프리토에 마늘 후레이크와 밥을 함께 곁들이면 더욱 좋습니다.
- 생선을 재울 때 4시간 이내로 재우려면 양쪽 면에 칼집을 2~3개씩 넣어주고, 그 이상의 시간 동안 재우려면 칼집을 내지 않습니다. 싱싱한 생선으로 만드는 경우 10분 정도만 재워도 좋습니다.

POLLO GUISADO

뽀요 기사도 [푸에르토리코, 도미니카공화국]

🍚 4~6인분 🍴 7분 🍲 30분

영양성분(100g) … 열량 182.5kcal, 탄수화물 7.6g, 단백질 20.5g, 지방 9.7g

푸에르토리코와 도미니카공화국의 음식인 뽀요 기사도는 맛있는 양념이 특징인 닭고기 요리로 찜과 튀김의 중간 정도의 음식입니다. 스튜처럼 먹기도 하지만 구이로 만들어 먹어도 좋습니다. 미리 만들어 하루 정도 재워두면 더욱 맛있어지니 한번 시도해보길 추천합니다.

〈뽀요 기사도〉

닭볶음탕용 닭고기(다리살) 2kg

식용유 6~8Ts
굵게 채 썬 양파 1개

〈뽀요 기사도 양념〉

오렌지 1개 or 오렌지주스(라임즙) 1/2컵
다진 마늘 2Ts
와인(청주) 2Ts
오레가노 1/2Ts
소금 1/2Ts
쿠민 1/2ts
올리브오일 1/4컵

1. 오렌지를 반으로 잘라 즙을 냅니다.

2. 볼에 1을 포함한 분량의 뽀요 기사도 양념 재료를 모두 넣어 섞습니다.

3. 닭볶음탕용 닭을 손질한 다음 2에 넣고 랩을 씌워 4~24시간 동안 재웁니다. 이때 중간에 한 번 정도 뒤집어 닭고기에 양념이 골고루 배도록 합니다.

4. 뚜껑이 있는 두꺼운 냄비나 커다란 팬에 3~4Ts의 식용유를 두른 다음 달굽니다. 달군 팬에 3의 닭고기를 넣고 중불 이상의 센불에서 한쪽 면을 5분 정도 튀기듯이 구워줍니다.

5. 고기를 뒤집고 굵게 채 썬 양파와 남은 식용유를 넣은 다음, 뚜껑을 덮고 중불에서 10~15분 정도 익히면 완성입니다.

COOK's TIP

- 오렌지즙을 직접 내기 번거롭다면 시판 주스를 사용해도 좋고, 라임즙을 섞어도 좋습니다.

Chapter 5 | TACO &
MEAL
타코 & 식사

MEXICAN RICE
멕시칸 라이스 [멕시코]

🍚 6~8인분　🍴 5분　🍲 20분

영양성분(100g) … 열량 120.1kcal, 탄수화물 17.3g, 단백질 2.2g, 지방 4.7g

'스페인 라이스'라고도 불리는 이 밥은 메인 메뉴에 사이드로 곁들여 먹는 음식입니다. 브리또 안에 흰밥 대신 넣어 먹으면 색다르게 즐길 수 있습니다.

〈멕시코 라이스〉
올리브오일 2.5Ts
안남미(롱그레인 쌀) 1컵
다진 양파 1/2개(100g)
다진 마늘 2ts
다진 청양고추 1~2Ts

토마토小 2개(200g)
* 토마토 페이스트 2ts
칠리파우더 or 고춧가루 2/3ts
소금 1/2ts
쿠민 1/4ts
물 or 닭육수(p.317), 다시마육수(p.318) 1.5컵(360ml)

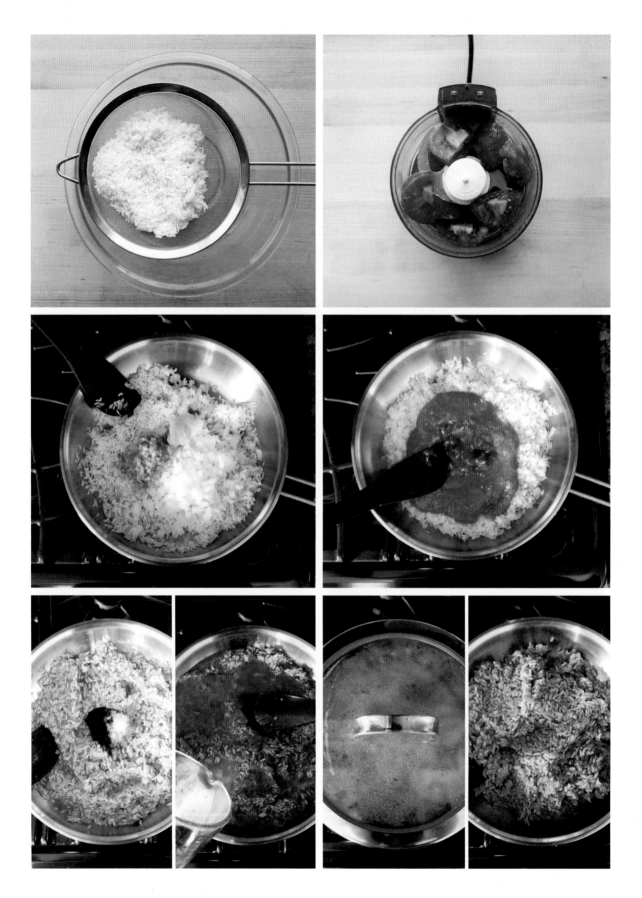

1. 안남미는 깨끗이 씻어서 물에 10분 이상 불린 뒤 물기를 빼서 준비합니다.

2. 토마토는 꼭지를 떼어내고 아랫부분에 십자(十)로 칼집을 낸 다음 뜨거운 물에 넣어 살짝 데칩니다. 데친 토마토는 껍질을 벗기고 푸드 프로세서에 넣어 곱게 갈아둡니다.

3. 달군 팬에 올리브오일을 두르고 1의 안남미를 넣어 중불에서 1분간 볶다가 다진 양파와 마늘, 청양고추를 넣어 양파가 투명해질 때까지 볶습니다.

4. 2의 간 토마토와 토마토 페이스트를 넣고 골고루 섞으면서 볶습니다.

5. 칠리파우더와 소금, 쿠민을 넣고 섞다가 물을 넣어 5분간 끓입니다.

6. 끓기 시작하면 뚜껑을 덮고 약불에서 물이 졸아들 때까지 천천히 익힌 뒤 뜸을 들이면 완성입니다.

COOK's TIP

• 토마토와 토마토 페이스트 대신 토마토 소스를 넣어 만들어도 좋습니다.

MEXICAN CRAB RISOTTO
멕시칸 크랩 리소토 [멕시코]

🍚 4~6인분　🍴 20분　🍲 25분

영양성분(100g) ··· 열량 108.4kcal, 탄수화물 13.2g, 단백질 6.3g, 지방 4.8g

리소토는 원래 북부 이탈리아에서 유래된 음식이지만, 멕시코의 느낌이 나도록 토마틸로와 고추를 넣어서 만들었습니다. 영양 만점 게살까지 들어가서 부드럽고 맛있는 한 그릇 영양식입니다.

〈멕시칸 크랩 리소토〉

안남미 or 일반 쌀 1컵(180g)
토마틸로 or 청토마토 3컵(550g)
양파 1개(200g)
포블라노 칠리 or 고추, 피망 2개(300g)
고수 1줌(60g)
마늘 3~4쪽

올리브오일 3Ts
조개육수 or 새우육수(p.319) 1¼컵(300ml)
와인 or 청주 3Ts
게살 or 새우 300~500g
소금 약간
채 썬 파 약간

1. 안남미는 깨끗이 씻어서 물에 20분 이상 불린 뒤 물기를 빼서 준비합니다.

2. 토마틸로, 양파, 포블라노 칠리, 고수, 마늘을 큼직하게 자릅니다.

3. 2의 모든 재료를 푸드 프로세서에 넣고 곱게 갈아줍니다.

4. 달군 두꺼운 팬에 올리브오일을 두르고, 1의 불린 안남미를 넣어 3분간 중불에서 볶습니다.

5. 볶은 안남미에 3의 간 채소와 조개육수, 와인을 넣고 뚜껑을 덮어 15분간 익힙니다. 바닥에 눌어붙지 않도록 중간 중간 뚜껑을 열고 저어줍니다.

6. 쌀이 적당히 퍼지면 게살을 넣어 3~4분간 익힌 뒤, 소금으로 간을 맞추고 채 썬 파를 곁들이면 완성입니다.

COOK's TIP

· 토마틸로는 멕시코에서 많이 사용하는 재료인데, 만약 토마틸로가 없다면 약간 덜 익은 청토마토를 사용해도 좋습니다.

· 포블라노 칠리가 없다면 맵지 않은 고추나 피망 300g을 넣어 대체합니다.

· 붉은색의 리소토를 만들고 싶다면 빨강 파프리카를 넣어 만들면 됩니다.

· 게살 대신 새우를 넣어 만들 수도 있으며, 취향에 따라 다양한 해산물을 넣어 만들어도 좋습니다.

MEXICAN PIZZA
멕시칸 피자 [멕시코]

🍚 3~4인분   🍴 48시간   🍲 15분

영양성분(100g) ··· 열량 218.1kcal, 탄수화물 23.9g, 단백질 12.9g, 지방 8.1g

건강하고 담백한 멕시코 스타일의 피자입니다. 피자 도우를 이틀 이상 숙성시켰기 때문에 먹은 다음에도 속이 편안하고 너무 짜지 않아 남녀노소 누구나 좋아하는 맛입니다.

〈피자 도우〉
따뜻한 물 180ml
설탕 1/2~1ts
이스트 1/2~2/3ts(1g)
올리브오일 1/2Ts
강력분 1.5컵(180g)
세몰리나 or 강력분 1/2컵(84g)
소금 1/2ts

〈토핑〉
카르네 아사다(p.148)로 양념한 다진 소고기 300g
리프라이드 빈(p.72) 1/2컵(130g)
다진 토마토 1/2컵 or 살사 130~150g
할라피뇨 or 청양고추 2~3Ts
블랙 올리브 약간
멕시칸 스타일 치즈 or 체더 치즈+모차렐라 2/3컵(75~80g)

* 사워크림 약간
* 양상추 or 다진 파 or 다진 고수 약간
* 살사 약간
* 타코 시즈닝(p.310) 1~2ts

1. 따뜻한 물에 설탕과 이스트를 넣고 잘 섞어 5분 정도 놔두었다가 올리브오일을 넣고 섞습니다.

2. 볼에 강력분과 세몰리나를 체에 내려 넣고 소금과 1을 부어 치댑니다.

3. 반죽을 10분 정도 치대 날가루가 없는 매끄러운 덩어리로 만든 다음, 용기에 분량 외의 오일을 뚜껑까지 골고루 바르고 반죽을 넣어 냉장고에서 2~3일간 숙성시킵니다.

4. 피자를 만들기 3~12시간 전에 다진 소고기에 카르네 아사다 양념을 해서 냉장고에 넣어 숙성시킵니다.

5. 4의 숙성시킨 고기를 달군 팬에 넣어 국물이 없어질 때까지 볶습니다.

6. 바닥에 분량 외의 강력분이나 세몰리나를 뿌린 후 3의 숙성 반죽을 동그랗게 밀고, 오븐 팬의 크기에 맞춰 넣은 후 반죽을 포크로 찍어 구멍을 냅니다.

7. 도우에 리프라이드 빈을 얇게 바르고 5의 볶은 고기를 올린 다음, 다진 토마토와 할라피뇨, 블랙 올리브를 얹습니다.

8. 마지막으로 치즈를 뿌려 260℃/500℉로 예열한 오븐에 넣어 5~6분간 구우면 완성입니다.

COOK's TIP

- 완성된 피자에 사워크림을 얹고 양상추, 파, 고수를 얹거나 살사, 타코 시즈닝을 뿌려서 먹습니다.
- 세몰리나는 듀럼밀을 부순 밀가루로 일반적인 밀가루보다 입자가 더 거친 것이 특징입니다.
- 이스트를 적게 넣으면 반죽이 덜 부풀어 반죽을 만들 때 어려울 수 있지만, 먹고 나면 속이 편안합니다. 하지만 조금 더 빨리 반죽을 숙성시키고 싶다면 이스트를 더 넣어도 좋습니다.
- 소고기는 너무 잘게 다지지 말고 어느 정도 고기가 씹히고 육즙이 나올 수 있을 정도로만 다집니다.
- 6번 과정처럼 도우에 구멍을 내면 구울 때 도우가 부풀어 오르지 않아 모양이 예쁘게 나옵니다.

MOLLETES
모예트 / 콩 치즈 오픈 샌드위치 [멕시코]

🍚 3~4인분 🍴 10분 🍲 6분

영양성분(100g) … 열량 142.8kcal, 탄수화물 19.9g, 단백질 6.5g, 지방 5.3g

스페인어로 '머핀'을 뜻하는 '모예트'는 멕시코의 오픈 샌드위치로 만들자마자 바로 먹어야 맛있게 즐길 수 있는 브런치입니다. 스페인에서는 부드러운 빵에 올리브오일과 마늘을 발라서 먹지만, 멕시코에서는 빵에 리프라이드 빈과 치즈를 올려서 오븐에 굽고, 살사와 함께 먹는 것이 일반적입니다.

〈모예트〉
빵 6조각
리프라이드 빈(p.72) 1~2컵
케소 프레스코 or 페타 치즈 1~2컵
* 버터 약간

〈피코 데 가요(pico de gallo)〉
토마토 2개(400g)
양파소 1/2개(80g)
할라피뇨 or 청양고추 2Ts
고수 15~20줄기
라임즙 2Ts
소금 1/2ts

1. 볼에 토마토와 양파, 할라피뇨, 고수를 잘게 다져 넣고, 라임즙과 소금을 넣은 다음 골고루 섞어 피코 데 가요를 만듭니다.

2. 빵 위에 리프라이드 빈을 바르고 케소 프레스코를 얹어 200℃/400℉로 예열한 오븐에서 3~5분간 치즈가 살짝 녹을 때까지 굽습니다.

3. 구운 빵 위에 1의 피코 데 가요를 얹으면 완성입니다.

COOK's TIP

- 피코 데 가요는 살사의 한 종류로 일반적으로 가장 많이 먹는 토마토 살사입니다.
- 2번 과정에서 빵에 버터를 바른 다음 리프라이드 빈을 바르면 빵에 수분이 흡수되지 않아 더욱 바삭하게 즐길 수 있습니다.
- 완성된 모예트에 다른 종류의 살사나 햄, 초리조(p.313), 베이컨, 버섯 등을 올려도 좋습니다.

PAELLA
빠에야 [스페인]

🥣 6~8인분   🍴 16분   🍲 1시간

영양성분(100g) … 열량 159.6kcal, 탄수화물 16.2g, 단백질 8.7g, 지방 5.8g

빠에야는 스페인의 전통 쌀 요리지만 멕시코에 빠에야와 비슷한 요리인 '아로스 콘 뽀요(arroz con pollo)'가 있을 정도로 라틴아메리카 사람들도 많이 먹는 음식입니다. 빠에야는 주재료에 따라 토끼고기와 달팽이를 넣어 만든 발렌시아나, 해산물을 넣은 마리스코, 닭고기를 넣은 뽀요가 있으며 누룽지인 소카라트(soccarat)도 아주 별미입니다. 여기서는 해산물을 넣어 만든 빠에야를 알려드리겠습니다.

〈빠에야〉
쌀(알보리오 라이스, arborio rice) 2컵(420g, 불린 후 440g)
올리브오일 2Ts

초리조(p.313) 150g
올리브오일 2Ts
마늘 5쪽
양파 1개(200g)
* 고추씨 1ts
해산물(새우, 홍합, 오징어 등) 400g
빨강 파프리카 1/2개(100g)
노랑 파프리카 1/2개(100g)
스모크드 파프리카 or 구운 고춧가루 1ts
* 익힌 완두콩 or 아스파라거스 1/2컵

다진 토마토통조림 1캔(14.5oz) or 곱게 다진 토마토 200g
닭육수(p.317) or 해물육수 2¾컵(660ml)
화이트와인 3/4컵(180ml)
사프란 or 오징어먹물 1/2ts
월계수잎 2개
타임 or 로즈마리 1~2개

〈닭고기 양념〉
닭다리살 or 닭가슴살 400g
올리브오일 1Ts
오레가노 1ts
소금 2/3ts
후추 1/4ts

1. 쌀은 하루 전날 깨끗이 씻은 다음 물기를 완전히 빼서 준비합니다.

2. 재료를 준비합니다. 닭다리살은 2~3cm 크기로 자른 후 분량의 닭고기 양념 재료를 넣어 재웁니다. 빨강·노랑 파프리카와 마늘은 채 썰고, 양파는 다집니다.

3. 달군 팬에 올리브오일을 두르고 1의 쌀을 넣어 3분간 볶다가 꺼냅니다. 이때 쌀을 너무 빨리 꺼내면 안 익을 수 있으니 충분히 볶습니다.

4. 달군 팬에 초리조를 넣어 으깨면서 볶다가, 2의 재운 닭다리살을 넣어 겉면에 붉은 기가 없어질 때까지 구운 다음 꺼냅니다.

5. 팬을 살짝 닦은 후 올리브오일을 두르고 채 썬 마늘과 다진 양파, 고추씨를 넣어 3분간 볶습니다. 그다음 해산물을 넣어 같이 익히다가 해산물만 먼저 꺼냅니다.

6. 해산물을 꺼낸 팬에 빨강·노랑 파프리카를 넣어 살짝 볶다가 스모크드 파프리카와 익힌 완두콩을 넣습니다.

7. 3에서 볶은 쌀을 넣어 섞다가 다진 토마토통조림과 닭육수, 화이트와인을 붓고, 사프란과 월계수잎, 타임을 넣어 중불 이상에서 15분간 익힙니다.

8. 4에서 볶은 초리조와 닭고기를 넣고 1분, 5에서 볶은 해산물을 넣고 센불에서 1분, 약불에서 5~6분간 끓이다가 뚜껑을 덮고 국물이 거의 없어질 때까지 익히면 완성입니다.

COOK's TIP

- 7번 과정에서 쌀은 처음에만 저어가며 섞고 중간부터는 절대 젓지 않습니다.
- 빠에야는 원래 스페인의 칼라스빠라(calasparra)나 알보리오(arborio)와 같은 리소토 쌀로 만드는데, 이 쌀은 찰지지 않고 수분도 많이 흡수하지 않아서 물에 씻거나 불리지 않고 바로 넣어 만듭니다. 그렇기 때문에 한국 쌀로 만들 경우에는 반드시 전날 깨끗이 씻은 다음 냉장고에 넣어 물기를 완전히 뺀 다음 만들도록 합니다.

PUPUSA
뿌뿌사 / 호떡 [엘살바도르]

🍚 8개　🍴 15분　🍲 25분

영양성분(100g) ··· 열량 205.2kcal, 탄수화물 17.9g, 단백질 9.4g, 지방 10.5g

호떡, 팬케이크와 비슷한 엘살바도르의 음식으로 옥수수가루로 만들어 옥수수 타코를 먹는 것처럼 고소하고 바삭한 음식입니다. 케사디아와 비슷한 느낌이지만 전혀 색다른 맛으로 브런치로 먹기 좋으며 남미의 코울슬로인 쿠르티도(curtido)와 찰떡궁합입니다.

〈뿌뿌사〉
마사 하리나(옥수수가루) 2컵(240g)
소금 1/2ts
따뜻한 물 1¾컵(400~420ml)
식용유 약간

〈고기소〉
목살 300g
토마토 1/2개(50g) or 케첩 1.5Ts
피망 1/4개(50g)
마늘 2쪽
소금 1/8ts
모차렐라 1컵(110g)

〈치즈소〉
모차렐라 2컵(220g)

〈기름물〉
물 1컵
식용유 1Ts

〈곁들임 음식〉
쿠르티도(p.82)

1. 목살을 작게 썰어서 달군 팬에 노릇노릇하게 굽습니다.

2. 푸드 프로세서에 토마토와 피망을 작게 깍둑썰어 넣고, 1의 구운 목살과 마늘, 소금을 넣고 갈아줍니다.

3. 2에 모차렐라를 넣고 다시 한 번 갈아서 고기소를 만듭니다.

4. 볼에 마사 하리나와 소금을 넣고 따뜻한 물을 부어서 한 덩어리가 되도록 반죽합니다.

5. 반죽을 골프공 크기만 하게 8등분하고, 송편을 만들 듯이 엄지손가락으로 가운데를 눌러 오목하게 만듭니다.

6. 오목한 부분에 3의 고기소나 치즈소를 1~2Ts 정도 넣고 잘 오므려서 동그랗게 만듭니다.

7. 양손바닥에 물과 식용유를 섞은 기름물을 바르고 6의 반죽을 번갈아 치대 7mm 두께로 납작하게 만듭니다.

8. 팬에 식용유를 두르고 7을 올려 앞뒤로 바삭하게 구운 다음 쿠르티도를 곁들이면 완성입니다.

COOK's TIP

- 뿌뿌사는 사워크림(sour cream)이나 크리마(crema) 또는, 핫소스나 매운 살사와 함께 먹어도 좋습니다.
- 반죽할 때 처음부터 따뜻한 물을 전부 넣으면 반죽이 질어질 수도 있으니 물을 다 넣지 말고 반죽의 상태를 보면서 조금씩 추가합니다.
- 반죽을 납작하게 치대는 과정에서 소가 밖으로 삐져나올 수 있지만 완성하는 데에는 큰 문제가 없습니다.

SOFRITAS & SOFRITO
소프리타 & 소프리토 [스페인]

🥣 2~2.5컵 🍴 2분 🍲 20분

소프리타 / 영양성분(100g) ··· 열량 169.4kcal, 탄수화물 15.7g, 단백질 6.1g, 지방 5.8g
소프리토 / 영양성분(100g) ··· 열량 65.5kcal, 탄수화물 6.4g, 단백질 1.3g, 지방 4.4g

서양 요리의 기본 소스로 우리나라의 고추장과 비슷한 소프리토 소스를 이용해 채식주의자들도 맛있게 먹을 수 있는 타코 속재료, 소프리타를 만들었습니다. 두부로 만들어서 부드러우면서도 건강하게 타코를 즐길 수 있습니다.

⟨소프리토⟩
양파 1/2개(100g)
마늘 3쪽(15g)
피망 1/2개(120g)
토마토 3~4개(400g)
고수 20g(4Ts) or 코리앤더 1ts
올리브오일 2Ts
* 토마토 페이스트 1Ts
오레가노 1/2Ts
쿠민 1ts
소금 1/2ts
(치폴레아도보 통조림에 들어 있는)치폴레 칠리 2~3개(40g)

⟨소프리타⟩
단단한 두부 1개(500g)
식용유 2Ts
소프리토 1.5~2컵

⟨곁들임 재료⟩
타코 or 토르티야
양상추
토마토
아보카도
고수

1. 소프리토에 들어가는 재료를 준비합니다. 양파와 피망은 큼직하게 자릅니다.

2. 믹서에 1의 모든 재료를 넣고 곱게 갈아줍니다.

3. 달군 팬에 2를 넣고 중불에서 걸쭉해질 때까지 8~10분간 끓여 소프리토를 만듭니다.

4. 두부를 큼직하게 썰어서 식용유를 두른 팬에 앞뒤로 노릇노릇하게 굽습니다.

5. 구운 두부를 으깬 다음 3의 소프리토를 분량만큼 넣어 골고루 섞고, 국물이 없어질 때까지 중불에서 볶으면 완성입니다.

COOK's TIP

- 완성된 소프리타는 타코나 토르티야에 올리고 양상추, 토마토, 아보카도, 고수 등과 함께 곁들여 먹습니다.
- 진정한 스페인식 소프리토를 만들려면 치폴레 칠리 대신 오일을 좀 더 넣고 볶아야 하지만, 치폴레 칠리를 넣어 만들면 한국인의 입맛에 더욱 잘 맞습니다.
- 소프리토는 스페인의 빠에야나 이탈리아의 리소토에 넣어 만들어도 좋습니다.

ENCHILADA
엔칠라다 / 라자냐 [라틴 전역]

🍲 4~6인분   🍴 30분   🍳 30분

영양성분(100g) … 열량 202.9kcal, 탄수화물 17.1g, 단백질 11.9g, 지방 9.9g

멕시코의 라자냐라고 할 수 있는 엔칠라다는 칠리 소스를 뿌려먹는 음식으로, 엘살바도르, 과테말라, 온두라스 등에서도 즐겨 먹습니다. 소스의 종류에 따라 토마토 소스의 '엔토마타다', 리프라이드 빈을 얹은 '엔프리홀라다스', 토마토와 녹색고추를 이용한 '엔칠라다 베르데스', 몰레 소스를 이용한 '엔칠라다 콘 몰레' 등 다양한 종류가 있습니다.

〈닭가슴살 소〉
닭가슴살 400g
물 800ml
소금 1ts
후추 1/4ts
월계수잎 2개

〈엔칠라다〉
케소 프레스코 or 페타 치즈 1컵(130g)
다진 양파 1~2Ts
다진 고수 2Ts
튀김용 식용유 적당히
토르티야 8장
엔칠라다 소스(p.308) 3컵
닭가슴살 소 3컵(250g)
* 체더 치즈 or 멕시칸 스타일 치즈 1/2컵(56g)

〈곁들임 재료〉
양상추
토마토
고수
청양고추
아보카도
* 라임

211

1. 냄비에 껍질을 제거한 닭가슴살과 물, 소금, 후추, 월계수잎을 넣고 센불에서 끓입니다. 끓기 시작하면 중불로 줄이고 거품을 걷어가며 12~15분간 끓여 충분히 익힙니다.

2. 다 익은 닭가슴살은 잘게 찢어 준비합니다.

3. 볼에 케소 프레스코와 다진 양파, 다진 고수를 넣고 잘 섞습니다.

4. 팬에 튀김용 식용유를 붓고 180℃/350℉로 달군 뒤 토르티야를 넣어 살짝 튀깁니다.

5. 다른 팬에 엔칠라다 소스를 넣고 끓인 다음 4의 튀긴 토르티야를 넣어 앞뒤로 소스를 골고루 묻힙니다.

6. 접시에 토르티야를 올리고 가운데에 3의 케소 프레스코와 2의 닭가슴살을 올립니다.

7-1. 내용물이 보이지 않게 토르티야를 돌돌 말아 그릇에 담으면 완성입니다.

7-2. 4에서 튀긴 토르티야에 바로 케소 프레스코와 닭가슴살을 올려 만 다음 오븐용 그릇에 담습니다. 그 위에 엔칠라다 소스와 체더 치즈를 뿌린 뒤 180℃/350℉로 예열한 오븐에 넣어 7~10분간 치즈가 녹을 때까지 구우면 완성입니다.

COOK's TIP

- 7-2번으로 만들 때는 오븐용 그릇에 미리 엔칠라다 소스를 조금 넣은 다음 토르티야를 올리고 그 위에 다시 엔칠라다 소스를 올리면 앞뒤로 소스가 배어 더욱 맛있게 즐길 수 있습니다.
- 닭가슴살 대신 다른 종류의 고기를 넣거나 그냥 치즈만 넣어서 먹어도 좋습니다.
- 완성된 엔칠라다에 양상추나 토마토, 고수, 청양고추, 아보카도, 라임 등을 곁들여도 좋습니다.

HUEVOS RANCHEROS
우에보스 란체로스 / 달걀브런치 [멕시코]

🍚 4개 🍴 5분 🍲 30분

영양성분(100g) … 열량 194.2kcal, 탄수화물 12.6g, 단백질 9.2g, 지방 10.1g

멕시코에서 즐겨먹는 브런치 요리인 우에보스 란체로스입니다. 토르티야에 피코 데 가요(p.196) 대신 엔칠라다 소스(p.308)를 뿌리는 등 다양하게 즐길 수 있으며, 옥수수 토르티야나 나초칩을 베이스로 오븐에 살짝 구우면 안주로도 참 좋습니다.

〈토마토 + 초리조 소스〉
토마토 2개(300g)
양파 1/4개(50g)
고수 1/4컵(20g)
청양고추 or 피망 1Ts(15g)
마늘 1쪽
오레가노 1/4ts
소금 1/4ts
초리조(p.313) or (이탈리안)소시지 150g
* 라임즙 1Ts

〈우에보스 란체로스〉
식용유 1Ts
옥수수 토르티야 4장(6inch, 16cm) or 나초칩 3컵
달걀 4개
리프라이드 빈(p.72) 1컵
아보카도 1개
케소 프레스코 or 페타 치즈, 몬테리 잭 치즈 90g
고수 약간
사워크림 약간

1. 토마토와 양파, 청양고추는 적당한 크기로 자르고 고수는 잘게 썰어 준비합니다. 푸드 프로세서에 초리조와 라임즙을 제외한 소스 재료를 모두 넣고 갈아줍니다.

2. 달군 팬에 초리조를 넣고 갈색이 되도록 볶아둡니다.

3. 뚜껑이 있는 두꺼운 냄비에 1을 넣고 중불에서 5분간 끓입니다.

4. 2의 볶은 초리조와 라임즙을 넣어 섞고 약불로 줄인 다음 뚜껑을 덮고 3분간 끓여 소스를 만듭니다.

5. 달군 팬에 식용유를 두르고 토르티야를 넣어 앞뒤로 30초씩 굽습니다.

6. 달걀프라이를 합니다. 이때 달걀은 써니 사이드 업(sunny-side up)으로 만드는 것이 좋습니다.

7-1. 접시에 5의 구운 토르티야를 깔고 리프라이드 빈을 바른 다음 6의 달걀프라이를 얹습니다. 그 위에 4의 토마토 + 초리조 소스를 뿌리고 아보카도와 케소 프레스코, 다진 고수를 올린 뒤 사워크림을 곁들이면 완성입니다.

7-2. 오븐용 그릇에 나초를 넣고 리프라이드 빈과 토마토 + 초리조 소스, 달걀프라이 등을 올린 뒤 200℃/400℉로 예열한 오븐에 넣어 3분간 굽습니다. 그 위에 아보카도와 케소 프레스코, 고수, 사워크림을 곁들이면 완성입니다.

COOK's TIP

- 1번 과정은 살사로 대체할 수 있습니다. 살사와 볶은 초리조를 섞은 뒤 바삭하게 구운 토르티야 위에 얹으면 됩니다.

CHIMICHANGA
치미창가 / 부리토 [멕시코]

6~8인분 10분 60분

영양성분(100g) … 열량 243.4kcal, 탄수화물 24.3g, 단백질 11.3g, 지방 10.9g

치미창가는 엔칠라다와 비슷한 음식이지만 부리토를 튀겨 만드는 것이 특징이며, 토르티야에 양념한 소고기나 닭고기를 넣어 싸먹는 게 일반적인 음식입니다. 소고기를 사용해 만들 경우 여기에서 소개하는 방법 이외에 카르네 아사다(p.148)로 양념해도 좋습니다.

〈고기 양념〉
다진 소고기(carne picada) 600g
앤초 칠리파우더 or 구운 청양고춧가루 1Ts
소금 1ts
후추 1/2ts
쿠민 1ts
오레가노 or 코리앤더 1ts

〈곁들임 재료〉
멕시 소스(p.311), 사워크림, 양상추, 밥, 토마토, 아보카도, 고수

〈치미창가〉
식용유 1Ts
다진 양파 1개(160g)
다진 마늘 1Ts
다진 할라피뇨 or 청양고추 1~2개(50g)
칠리통조림 1캔(4oz, 110g) or 다진 고추 4개
토마토통조림 1캔(14oz) or 토마토 2개
토마토 페이스트 3Ts(45g)

밀가루 토르티야 8장(10inch, 25cm)
리프라이드 빈(p.72) 16Ts
치즈 or 체더 치즈 1~1.5컵
튀김용 식용유 적당히
* 버터 2Ts + 식용유 2Ts

1. 볼에 핏물을 뺀 다진 소고기를 넣고 앤초 칠리파우더와 소금, 후추, 쿠민, 오레가노를 넣어 골고루 치댄 다음 재웁니다.

2. 중약불로 달군 팬에 식용유를 두르고 다진 양파를 넣어 투명해질 때까지 볶다가, 다진 마늘과 할라피뇨, 칠리통조림을 넣고 1분간 볶습니다.

3. 채소를 팬의 한쪽으로 밀고 빈 공간에 1의 재운 소고기를 넣어 중불 이상의 센불에서 붉은 기가 없어질 때까지 골고루 볶습니다.

4. 토마토통조림과 토마토 페이스트를 넣고 전체적으로 골고루 섞어 국물이 없어질 때까지 센불에서 볶으며 조립니다.

5. 토르티야 가운데에 리프라이드 빈을 2Ts 정도 바른 뒤, 4를 1/2컵 정도 얹습니다. 그 위에 치즈를 2Ts 정도 뿌린 다음 토르티야 양 옆을 가운데로 접고 돌돌 맙니다.

6-1. 잘 감싼 토르티야는 풀리지 않게 이쑤시개로 고정하고 190℃/375℉로 달군 식용유에 넣어 앞뒤로 2분씩 노릇노릇하게 튀기면 완성입니다.

6-2. 버터와 식용유를 전자레인지에 20초 이상 돌려서 액체로 만든 후 5의 감싼 토르티야에 바릅니다. 그다음 200℃/400℉로 예열한 오븐에 넣어 앞뒤로 10~12분간 굽거나, 같은 온도로 예열한 에어프라이어에 넣어 6~7분간 구우면 완성입니다.

COOK's TIP

- 완성된 치미창가는 멕시 소스나 사워크림, 양상추, 밥, 토마토, 아보카도, 고수 등과 같이 곁들여 먹습니다.
- 멕시 소스와 함께 드시고 싶다면 311쪽을 참고해 미리 만들어 준비합니다.

CHICKEN BURRITO
치킨 부리토 [멕시코, 텍스멕스]

🍚 6~8인분　🍴 18분　🍲 5분

영양성분(100g) … 열량 200.2kcal, 탄수화물 20.5g, 단백질 15.8g, 지방 5.9g

부리토는 토르티야에 고기, 콩, 채소, 밥 등을 기호에 따라 넣어 싸먹는 음식으로 파히타 같은 멕시코계 미국 음식 (텍스멕스)입니다. 일반적으로 멕시코에서는 육류와 리프라이드 빈만을 넣어 먹고, 미국에서는 양상추, 밥, 토마토, 아보카도 등을 넣어 먹습니다.

〈치킨 부리토〉
닭가슴살 or 닭다리살 2개(400g)
물 적당히
맛술 1~2Ts
껍질 벗긴 토마토 1개
토마토 페이스트 2ts
소금 1/2Ts
후추 1/2ts
* 타코 시즈닝(p.310) 약간

멕시칸 라이스(p.184) or 안남미(롱그레인) 1공기(210g)
다진 고수 4Ts
토르티야 6~8장
* 몬테리 잭 치즈 or 체더 치즈, 멕시칸 스타일 치즈 1컵

〈곁들임 재료〉
리프라이드 빈(p.72)
아보카도

223

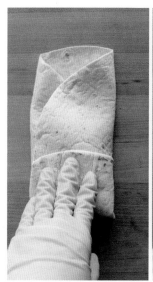 

1. 냄비에 물과 맛술을 넣고 끓기 시작하면 닭가슴살을 넣은 다음 중불에서 10분간 끓여 익힙니다.

2. 다 익은 닭가슴살을 꺼내 포크로 잘게 찢어줍니다.

3. 달군 팬에 껍질을 벗긴 토마토를 갈아서 넣고 토마토 페이스트와 2의 닭가슴살, 소금, 후추, 타코 시즈닝을 넣어 중불에서 2분간 섞어가며 볶습니다.

4. 다른 팬에 멕시칸 라이스를 넣어 볶다가 3의 양념한 닭가슴살과 다진 고수를 넣어 섞습니다.

5. 기름을 두르지 않은 마른 팬에 토르티야를 넣고 앞뒤를 따뜻하게 데웁니다.

6. 데운 토르티야의 가운데에 4를 올리고 치즈를 뿌립니다.

7. 속재료가 밖으로 튀어나오지 않도록 토르티야의 양옆을 접은 다음 아래위를 접어 깔끔하게 만들면 완성입니다.

COOK's TIP

- 토르티야를 찢어지지 않고 깔끔하게 접기 위해서는 5번 과정에서 데운 토르티야가 식지 않도록 호일로 뚜껑을 만들어 덮으면 됩니다.
- 6번 과정에서 리프라이드 빈을 바르거나 아보카도 등을 넣어도 좋습니다.

CHICKEN SOPE
치킨 소페 [멕시코]

🥣 8개 🍴 15분 🍲 10분

영양성분(100g) ··· 열량 151.4kcal, 탄수화물 14.3g, 단백질 13.1g, 지방 5.1g

두툼하게 구운 토르티야를 보트 모양으로 만들어 고기와 채소를 올려 먹는 소페는 멕시코 중남부 지방의 서민 음식으로 길거리 음식인 안토히토(antojito) 중 하나입니다. 다양한 재료를 올려 먹지만 그중 닭고기를 맛있는 양념에 재워 만든 치킨 소페가 가장 일반적입니다.

〈소페〉
마사 하리나(옥수수가루) 2컵(240g)
소금 2/3ts
따뜻한 물 1¾컵(400〜420ml)
식용유 약간

〈닭고기 양념1〉
닭가슴살 1조각(250g)
칠리파우더 1/2Ts
다진 마늘 1ts
쿠민 1/2ts
소금 1/4ts

〈닭고기 양념2〉
닭가슴살 1조각(250g)
다진 고수 4Ts(20g)
다진 파 2Ts(20g)
다진 할라피뇨 or 다진 청양고추 1Ts(15g)
다진 마늘 1/2ts
와인 or 청주, 맛술 1Ts
라임즙 1Ts
꿀 1Ts
소금 1/4ts

〈치킨 소페〉
식용유 약간
리프라이드 빈(p.72) 1컵
채 썬 양상추 1〜2컵
(매운) 토마토 살사 1/2〜1컵
치즈(페타, 케소 프레스코, 만체고) 1/2컵
* 아보카도 1개
* 사워크림 1/2〜1컵

1. 볼에 마사 하리나와 소금을 넣고 따뜻한 물을 부은 다음 한 덩어리가 될 때까지 반죽합니다.

2. 반죽을 8등분(78g씩)으로 나눈 다음 동그랗게 굴리고, 양손바닥으로 치대 지름 10cm의 납작한 원형으로 만듭니다.

3. 달군 팬에 식용유를 살짝 두르고 2의 납작한 반죽을 넣어 앞뒤로 노릇노릇하게 굽습니다. 이때 바닥이 될 한쪽 면은 튀기듯이 구워줍니다.

4. 숟가락이나 손가락을 사용해서 구운 반죽의 윗면을 중앙에서 테두리 쪽으로 밀어 가장자리를 세운 다음, 가운데의 반죽을 살살 떼어내 안으로 움푹 들어간 보트 모양의 소페를 만듭니다.

5. 닭가슴살은 손바닥으로 누른 다음 포를 뜨듯이 반으로 나눠 얇게 만듭니다.

6. 닭고기 양념을 준비합니다. 취향에 따라 둘 중 하나만 준비해도 좋습니다.

7. 닭고기 양념 1과 2를 각각 섞은 다음 5의 닭가슴살에 골고루 바르고 15분 이상 재웁니다.

8. 각각의 닭가슴살을 달군 팬에 올리고 식용유를 살짝 둘러 앞뒤로 노릇노릇하게 굽습니다.

9. 4에서 만든 소페 위에 리프라이드 빈을 바른 다음 8의 닭가슴살을 먹기 좋은 크기로 썰어 올립니다.

10. 그 위에 채 썬 양상추, 토마토 살사, 치즈, 아보카도, 사워크림 순서로 올리면 완성입니다.

COOK's TIP

- 소페를 만들 때 2번 과정에서 가운데를 움푹하게 만들면 나중에 모양을 잡기 편합니다.
- 튀긴 소페를 원한다면 200℃/400℉로 예열한 기름에서 앞뒤로 30초씩 튀기면 됩니다.

QUESADILLAS
케사디야 [멕시코]

🍱 6인분 🍴 20분 🍲 15분

영양성분(100g) … 열량 240.5kcal, 탄수화물 22.8g, 단백질 19.2 g, 지방 8.7g

스페인어로 치즈를 의미하는 케소에서 이름 붙여진 케사디야는 멕시코의 대표적인 음식으로 토르티야에 채소와 고기, 치즈를 넣어 반으로 접은 후 구워 만드는 음식입니다. 전자레인지로도 쉽게 만들 수 있어서 아이들과 함께 만들기 아주 좋습니다.

〈닭가슴살 양념〉
닭가슴살 or 다진 소고기 600g
타코 시즈닝(p.310) 1.5Ts
소금 1ts
후추 1/4ts
* 올리브오일 1Ts

〈케사디야〉
식용유 약간
양파小 1개(150g)
피망 100g

노랑 파프리카 100g
빨강 파프리카 100g
타코 시즈닝 1/2Ts
토르티야 6장
몬테리 잭 치즈 or 멕시칸 스타일 치즈 2.5컵(280g)
* 고수 3/4컵(30g)
* 옥수수통조림 1/2~1컵(100~200g)

〈곁들임 재료〉
피코 데 가요(p.196)
사워크림

1. 볼에 닭가슴살을 넣고 타코 시즈닝과 소금, 후추를 뿌려 주물러 준 다음 올리브오일을 골고루 발라 재웁니다.

2. 닭을 재우는 동안 양파는 가늘게 채 썰고, 피망과 노랑·빨강 파프리카는 6mm 두께로 채 썰어둡니다. 고수는 적당한 크기로 자르고 옥수수통조림은 물기를 빼서 준비합니다.

3. 달군 팬에 식용유를 두르고 양파를 넣어 볶다가 피망과 파프리카를 넣어 수분이 날아갈 때까지 볶습니다. 볶은 채소에 타코 시즈닝을 뿌려 한 번 더 볶은 후 꺼냅니다.

4. 팬을 한번 닦은 다음 1의 재운 닭가슴살을 올려서 양면을 노릇노릇하게 굽고, 뚜껑을 덮어 약불에서 속까지 완전히 익힙니다.

5. 잘 익은 닭가슴살을 먹기 좋은 크기로 얇게 썰어줍니다.

6. 토르티야를 반으로 나눴을 때 윗부분에만 치즈를 2~3Ts 정도 뿌리고 3의 볶은 채소와 고수, 옥수수를 올립니다.

7. 그 위에 5의 닭가슴살을 올린 다음 치즈를 한 번 더 뿌리고, 반으로 접어줍니다.

8. 반으로 접은 토르티야를 기름을 두르지 않은 팬에 올려 치즈가 녹으면서 겉이 노릇노릇하고 바삭해지도록 중불에서 구운 다음 먹기 좋게 자르면 완성입니다.

COOK's TIP

- 완성된 케사디야는 피코 데 가요(p.196)나 사워크림과 함께 곁들이면 더욱 좋습니다.
- 닭가슴살 대신 소고기로 만들 경우 고기를 재울 때 올리브오일은 생략합니다.

CUBAN SANDWICH
쿠바 샌드위치

🍚 4인분   🍴 30분   🍲 20분

영양성분(100g) … 열량 243.3kcal, 탄수화물 18.4g, 단백질 16.4g, 지방 11.5g

쿠바는 물론 쿠바에서 살다가 미국 플로리다로 일하러 간 사람들이 많이 즐겨 먹었던 대중적인 샌드위치입니다.
먹기 편하면서도 속이 든든해 도시락으로 만들어도 좋으며 지역에 따라 살라미를 넣기도 합니다.

〈고기 양념〉
돼지 안심 or 목살 450g
흑설탕 1Ts
쿠민 1ts
오레가노 1ts
소금 2ts
후추 1/2ts

채 썬 양파中 1개(180g)
마늘 3쪽
고추씨 1/4ts
월계수잎 2개
올리브오일 2Ts
오렌지주스 1컵
라임즙 2Ts
물 1/2컵

〈쿠바 샌드위치〉
쿠바 브레드 or 프렌치 빵 1개(25~30cm)
(디종)머스터드 2~3Ts
* 버터 4Ts
햄 250g
스위스 치즈 180~200g
피클 1컵

1. 볼에 돼지 안심과 흑설탕, 쿠민, 오레가노, 소금, 후추를 넣고 섞은 뒤 5분간 재웁니다.

2. 압력솥에 1의 재운 안심과 채 썬 양파, 마늘, 고추씨, 월계수잎, 올리브오일, 오렌지주스, 라임즙, 물을 넣고 25분간 삶습니다.

3. 잘 삶아진 안심은 압력솥에서 꺼내 포크로 잘게 찢어 준비합니다.

4. 쿠바 브레드를 가로로 길게 자르고 한쪽에는 머스터드와 햄을, 다른 한쪽에는 버터와 스위스 치즈를 올립니다.

5. 햄 위에 3의 고기를 얹고 피클을 올린 다음, 치즈를 올린 빵을 그 위에 덮습니다.

6. 달군 팬에 5의 샌드위치를 올리고 그 위에 무거운 팬이나 호일을 감은 벽돌을 얹어 누르면서 치즈가 녹을 때까지 살짝 굽습니다.

7. 치즈가 녹고 빵이 파니니처럼 납작해지면 꺼내 적당한 크기로 자르면 완성입니다.

COOK's TIP

• 쿠바 브레드는 원래 라드(최고급 돼지기름)를 넣어 만들었기 때문에 따로 버터를 바르지 않아도 되지만, 프렌치 빵을 사용할 경우에는 버터를 발라야 좀 더 맛있습니다.

FAJITA
파히타 [텍스멕스]

🍚 4인분 🍴 1시간 🍲 15분

영양성분(100g) … 열량 133.9kcal, 탄수화물 7.4g, 단백질 11.2g, 지방 6.9g

파히타는 고기와 채소를 토르티야에 싸먹는 음식으로 미국의 텍사스와 멕시코의 음식이 합쳐진 요리입니다. 취향에 따라 한 가지 종류의 육류로 만들어도 좋고, 여러 종류의 고기나 해산물을 섞어 만들어도 좋습니다.

〈양념〉
올리브오일 3Ts
레몬즙 2Ts
오렌지즙 2Ts
소금 1/2Ts
마늘가루 1ts
쿠민 1ts
오레가노 1/2ts
칠리파우더 1/2ts
파프리카가루 1/2ts
고추씨 1/2ts

〈파히타〉
새우 200g
닭가슴살 200g
소고기(스테이크 용) 200g

피망 1/2개
빨강 파프리카 1/2개
노랑 파프리카 1/2개
양파中 1개(170g)
식용유 약간
토르티야 8~12장

〈곁들임 재료〉
치즈, 살사, 과카몰리(p.70), 아보카도, 사워크림

1. 볼에 분량의 양념 재료를 모두 넣고 섞습니다.

2. 1의 양념에 새우를 넣고 주물러 양념을 묻힌 뒤 꺼냅니다. 같은 방법으로 닭가슴살과 소고기를 순서대로 넣고 주물러 양념을 묻힌 뒤 꺼냅니다.

3. 양념을 묻힌 새우와 닭가슴살, 소고기를 각각 지퍼백에 넣고 냉장고에서 1~4시간 정도 숙성시킵니다.

4. 피망과 파프리카, 양파는 먹기 좋은 크기로 채 썬 다음, 식용유를 두른 두꺼운 팬에 양파를 먼저 넣어 볶다가 피망과 파프리카를 넣어 함께 볶은 뒤 꺼냅니다.

5. 팬을 한번 닦고 숙성시킨 3의 재료를 새우, 닭가슴살, 소고기 순서로 앞뒤를 노릇노릇하게 구운 다음, 먹기 좋은 크기로 자릅니다.

6. 마른 팬에 토르티야를 노릇노릇하게 구워 4의 볶은 채소와 5의 새우, 닭가슴살, 소고기를 싸먹으면 완성입니다.

COOK's TIP

• 파히타는 각각을 따로 놓고 싸먹어도 좋지만, 200℃/400℉로 달군 팬에 4번의 볶은 채소와 5번의 해산물과 육류를 골고루 넣고 살짝 볶은 다음 치즈나 살사, 과카몰리, 아보카도, 사워크림 등을 함께 곁들여서 싸먹어도 좋습니다.

• 해산물과 육류 중 한 가지 종류로만 만들고 싶다면 원하는 재료로 600g을 준비하면 됩니다.

• 해산물과 육류는 최소 15분이라도 숙성해야 합니다. 단, 이 경우에는 1~4시간 숙성시켰을 때보다 맛이 덜합니다.

• 구운 토르티야에 뚜껑을 덮어 놓으면 따뜻하게 먹을 수 있음은 물론 부드러워져서 싸먹기 편리합니다.

FISH TACO
피시 타코 [멕시코, 스페인]

🍚 4~6인분 🍴 37분 🍲 8분

영양성분(100g) … 열량 185.0kcal, 탄수화물 16.0g, 단백질 11.6g, 지방 9.1g

멕시코의 대표 음식인 타코는 토르티야에 고기, 해산물, 채소 등 다양한 재료를 싸서 먹는 음식입니다. 그중 피시 타코는 멕시코 계곡 주변의 사람들이 작은 생선을 옥수수 토르티야에 싸먹었던 것이 스페인 사람들에게 알려져서 전해진 음식으로 무엇을 싸먹느냐에 따라 종류가 다양합니다.

〈생선구이〉
흰살생선(동태포, 틸라피아) 450g
식용유 1/2Ts
쿠민 1/3ts
고춧가루 or 카엔페퍼 1/3ts
소금 2/3ts
후추 1/4ts
버터 1Ts

〈피시 타코〉
토르티야 8~12장
(적)양배추小 or 양상추 1/2개
양파小 1/2개
토마토 2개
아보카도 2개
* 라임 1개
* 코티하 치즈(케소 프레스코)
  or 페타 치즈 1컵

〈소스1〉
사워크림 1/2컵(120g)
마요네즈 1/3컵(84g)
라임즙 2Ts
마늘가루 1ts
* 스리라차 칠리소스 1ts
소금 1/4ts

〈소스2〉
사워크림 3Ts
마요네즈 3Ts
다진 파 4Ts(25g)
다진 고수 4Ts(20g)
라임즙 1Ts
* 다진 마늘 1ts
소금 1/4ts

1. 흰살생선은 완전히 해동시킨 후 키친타월을 이용해 물기를 살짝 닦아 준비합니다.

2. 오븐 팬에 생선을 올리고 식용유를 앞뒤로 골고루 바릅니다.

3. 작은 볼에 쿠민, 고춧가루, 소금, 후추를 넣고 섞어 생선 위에 뿌리고, 생선의 가운데에 버터를 작게 잘라 올립니다.

4. 190℃/375℉로 예열한 오븐에 넣어 20~25분간 굽다가, 230℃/450℉로 온도를 올려 3~5분간 더 굽습니다. 다 구운 생선은 부서지지 않게 조심하면서 먹기 좋은 크기로 자릅니다.

5. 양배추와 양파는 얇게 채 썰고, 토마토와 아보카도는 7~8mm 크기로 깍둑썰어 준비합니다.

6. 볼에 소스1과 소스2의 재료를 각각 넣고 섞어 소스를 준비합니다.

7. 토르티야는 기름 없는 팬에 올려 약불에서 따뜻하게 굽고, 4의 생선과 5의 채소, 6의 소스와 함께 싸먹으면 완성입니다.

COOK's TIP

- 1번 과정에서 키친타월로 생선을 너무 꾹 누르면 생선 안의 물이 다 빠져나와 살이 퍽퍽해지기 때문에 겉면의 물기만 살짝 제거하도록 합니다.
- 생선을 오븐에 구우면 살이 부서지지 않아 좋지만 오븐이 없다면 프라이팬에 구워도 좋습니다. 중불에서 생선을 굽다가 마지막에 온도를 올려 살짝 더 구우면 가장자리를 바삭하게 구울 수 있습니다.
- 구운 토르티야에 뚜껑을 덮어 놓으면 따뜻하게 먹을 수 있음은 물론 부드러워져서 싸먹기 편리합니다.
- 기호에 따라 라임과 코티하 치즈(케소 프레스코)를 곁들여 먹어도 맛있습니다.

ARROZ CON POLLO VERDE

아로스 콘 뽀요 베르데 / 그린 치킨 라이스 [페루]

4~5인분 · 35분 · 35분

영양성분(100g) ··· 열량 118.1kcal, 탄수화물 13.3g, 단백질 7.1g, 지방 2.9g

스페인의 빠에야와 비슷한 페루 음식입니다. 고수와 파를 넣어 만든 초록색의 싱그러운 소스가 색다른 맛의 깊이를 느끼게 해주는 맛있는 치킨 라이스입니다.

〈아로스 콘 뽀요 베르데〉
뼈/껍질 없는 닭다리살 4~5개(700g)
쌀 1 + 1/4컵(265g)
식용유 2Ts
다진 당근 1개(180g)
채 썬 빨강 파프리카 1개

〈닭고기 양념〉
쿠민 1/2ts
고춧가루 1/4ts
* 양파가루 1/2ts
마늘가루 1/2ts or 다진 마늘 1ts
소금 1ts
후추 1/4ts

〈아로스 콘 뽀요 베르데 소스〉
고수 1/2묶음(50g)
파 2대(50g)
양파 2/3개(200g)
마늘 3쪽
씨를 뺀 할라페뇨 or 매운 고추 1개
라임즙 2Ts or 레몬즙 1.5Ts
소금 1/2ts
쿠민 1/2ts
닭육수(p.317) or 다시마육수(p.318) 2컵(480g)

〈곁들임 재료〉
그릭요거트 or 사워크림
아보카도
라임
매운 고추
고수

247

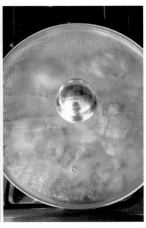

1. 쌀은 깨끗이 씻어서 물기를 빼 준비합니다.

2. 뼈와 껍질 없이 손질한 닭다리살에 분량의 닭고기 양념을 모두 넣고 섞어 30분 이상 재워둡니다.

3. 분량의 아로스 콘 뽀요 베르데 소스 재료는 큼직하게 자른 후, 모두 믹서에 넣어 곱게 갈아줍니다.

4. 달군 프라이팬에 식용유 1Ts을 두르고, 1의 쌀을 넣어 중불에서 1분 정도 볶아 꺼냅니다.

5. 팬에 식용유 1Ts을 두르고 2의 양념한 닭다리살을 중불 이상에서 앞뒤로 노릇노릇하게 굽고 꺼냅니다.

6. 팬에 다진 당근과 채 썬 빨강 파프리카를 넣어 중약불에서 1~2분간 볶습니다.

7. 6에 3의 소스를 붓고 따뜻해질 때까지 끓입니다.

8. 7에 4의 볶은 쌀을 넣어 섞은 후, 5의 구운 닭다리살을 넣고 뚜껑을 덮어 중불에서 10분, 약불에서 5분간 익히면 완성입니다.

COOK's TIP

- 일반 쌀을 달군 팬에 볶으면 안남미(long grain)와 같은 식감으로 만들 수 있습니다.
- 고수를 못 드시는 분은 아스파라거스나 완두콩을 넣어서 만들면 됩니다.
- 완성된 아로스 콘 뽀요 베르데는 그릭요거트나 사워크림, 아보카도, 라임, 매운 고추, 고수 등과 곁들이면 좋습니다.

Chapter 6 | DESSERT
디저트

MEXICAN HOT CHOCOLATE CUPCAKES

🥣 10~12개　🍴 15분　🍲 30분

영양성분(100g) … 열량 261.5kcal, 탄수화물 30.1g, 단백질 4.8g, 지방 13.8g

멕시칸 핫초콜릿 컵케이크 [멕시코]

초콜릿을 사랑하는 사람이라면 누구나 좋아할 만큼 초콜릿의 풍미가 가득한 컵케이크입니다. 쇼콜라티 컵케이크(xocalati cupcakes)라고도 불리는 이 디저트는 달콤한 컵케이크 위에 매운 칠리파우더를 살짝 가미해서 초콜릿 특유의 느끼함을 잡아주는 것이 특징입니다.

〈멕시칸 핫초콜릿 컵케이크〉
박력분 or 중력분 1¾컵(210g)
무설탕 초콜릿가루 3Ts(15g) or 녹인 초콜릿 1/2컵
베이킹파우더 1/2Ts
베이킹소다 1/2ts
칠리파우더 or 구운 고춧가루 2ts
시나몬가루 1ts
소금 1/4ts

인스턴트 커피 1g
뜨거운 물 1~2ts

무염버터 200g
설탕 160g
달걀 3개
바닐라 익스트랙 1ts

〈초코 아이싱〉
크림치즈 1개(226g)
무염버터 4Ts(56g)
설탕 90g
무설탕 초콜릿가루(코코아가루) 2~3Ts or 녹인 초콜릿 60g
* 바닐라 익스트랙 1/2ts

〈데커레이션〉
* 초콜릿 약간
칠리파우더 1ts
쿠민 1/2ts

1. 볼에 박력분과 초콜릿가루, 베이킹파우더, 베이킹소다, 칠리파우더, 시나몬가루, 소금을 넣고 섞어 준비하고, 작은 볼에는 인스턴트 커피와 뜨거운 물을 섞어 커피물을 만듭니다.

2. 또 다른 볼에 실온의 말랑한 무염버터를 넣고 휘핑해 크림 상태로 만든 다음, 설탕을 넣고 서걱거리지 않을 정도로 섞습니다.

3. 달걀은 풀어 멍울을 없앤 다음 2에 2~3번에 걸쳐 나눠 넣으며 버터와 분리되지 않도록 섞다가, 1에서 준비한 커피 물과 바닐라 익스트랙을 넣고 골고루 섞습니다.

4. 1에서 섞은 가루 재료를 3에 모두 붓고, 날가루가 보이지 않을 정도로 가볍게 섞습니다.

5. 머핀틀에 유산지 컵을 깔고 4의 반죽을 2/3 정도 채운 다음, 180℃/350℉로 예열한 오븐에 넣어 25~30분간 구워 식힙니다.

6. 볼에 실온의 말랑한 크림치즈와 무염버터를 넣고 섞어 크림 상태로 만든 다음, 설탕과 초콜릿가루를 넣어 초코 아이싱을 만듭니다.

7. 6의 초코 아이싱을 깍지를 끼운 짤주머니에 넣어 준비합니다.

8. 5에서 식힌 컵케이크에 7의 초코 아이싱을 짠 다음 초콜릿과 칠리파우더, 쿠민을 뿌리면 완성입니다.

COOK's TIP

- 칠리파우더가 없다면 마른 프라이팬에 고춧가루를 넣고 타지 않도록 약불에서 볶아 사용합니다.
- 무염버터와 달걀, 크림치즈는 실온에 30분 이상 꺼내 말랑한 상태로 준비합니다.
- 오븐에 컵케이크를 구울 때 15분쯤 굽다가 머핀틀의 위치를 바꿔주면 컨벡션 오븐이 아니더라도 골고루 구울 수 있습니다.
- 짤주머니가 없다면 위생봉투의 모서리를 잘라 사용하면 됩니다.
- 초코 아이싱을 만들 때 바닐라 익스트랙이 있다면 6번 과정에서 함께 넣고 섞습니다.

SOPAIPILLAS
소파이피야 / 나뭇잎 모양 도넛 [멕시코, 중남미]

🥣 12~16개 🥄 15분 🍲 15분

영양성분(100g) ··· 열량 454.1kcal, 탄수화물 60.3g, 단백질 8.4g, 지방 19.0g

페이스트리의 일종으로 멕시코와 중남미 국가들이 아침 식사나 디저트로 즐기는 나뭇잎 모양의 소파이피야입니다. sopapilla, sopaipa라고도 불리는 이 도넛을 아르헨티나, 칠레, 페루 등에서는 동그랗고 납작한 모양으로 튀기기도 하고, 마사 하리나(옥수수가루)와 섞어서 만들기도 합니다.

〈소파이피야〉
중력분 2컵(240g)
베이킹파우더 1/2Ts
소금 1/2ts
식용유 or 무염버터 2Ts
따뜻한 물 3/4컵(180ml)
덧가루용 중력분 약간
튀김용 식용유 2컵

〈곁들임 재료〉
슈가파우더
꿀

1. 볼에 중력분을 체에 내리고 베이킹파우더와 소금을 넣은 다음 포크로 가볍게 섞어둡니다.

2. 식용유를 먼저 넣고 포크로 살짝 섞은 다음 따뜻한 물을 넣어 한 덩어리로 만듭니다. 이때 물은 한 번에 다 넣지 말고 반죽의 상태를 확인하며 조금씩 넣습니다.

3. 바닥에 덧가루를 뿌리고 반죽을 안쪽으로 접어가며 살살 치대 매끈하게 만듭니다.

4. 매끈하게 잘 뭉쳐진 반죽을 볼에 담고 랩을 씌워 냉장고에서 20분 정도 숙성시킵니다.

5. 숙성이 끝난 반죽을 길게 민 다음 3~4등분으로 나눠 동그랗게 만듭니다.

6. 동그란 반죽을 밀대를 이용해 5mm 두께로 민 다음 십자(十)로 4등분합니다.

7. 냄비에 튀김용 식용유를 붓고 190℃/375℉로 예열한 다음 반죽을 하나씩 넣어 튀깁니다. 이때 숟가락이나 국자로 반죽에 기름을 끼얹어 반죽이 부풀도록 합니다.

8. 키친타월 위에 쿠키랙이나 식힘망을 두고 도넛을 올려 기름을 완전히 뺀 다음, 슈가파우더를 뿌리고 꿀과 곁들이면 완성입니다.

COOK's TIP

- 반죽끼리 서로 붙지 않게 덧가루를 꼭 묻힙니다.
- 삼각형 이외에 원하는 다양한 모양으로 만들어도 좋습니다.
- 7번 과정에서 도넛이 떠오르면 표면에 뜨거운 기름을 숟가락으로 살살 끼얹어야 잘 부풀어 오릅니다.

AVOCADO ICE CREAM
아보카도 아이스크림

6인분　2분　2분

영양성분(100g) … 열량 127.4kcal, 탄수화물 14.4g, 단백질 2.4g, 지방 7.5g

부드러운 아보카도와 상큼한 라임즙이 조화를 이뤄 탄생한 아보카도 아이스크림입니다. 유지방이 적게 들어가 건강하게 먹을 수 있음은 물론 식후에 깔끔한 마무리로 아주 좋은 디저트입니다.

〈아보카도 아이스크림〉
아보카도 3개(손질 후 510g)
우유 600ml or 저지방우유 560ml + 생크림 40ml
설탕 100~110g
라임즙 1Ts
소금 1/2ts

1. 분량의 재료를 준비합니다.

2. 껍질과 씨를 제거한 아보카도와 우유, 설탕, 라임즙, 소금을 믹서에 넣고 곱게 갈아줍니다.

3. 2를 그릇에 담고 평평하게 폅니다.

4. 쿠킹호일이나 뚜껑으로 그릇을 덮은 다음 냉동실에 넣어 4~5시간 동안 얼리면 완성입니다.

ALFAJORES
알파홀 / 밀크잼 샌드 쿠키 [아르헨티나 등 남미]

🍚 9~12개   🥄 4분   🍲 30분

알파홀 / 영양성분(100g) … 열량 269.9kcal, 탄수화물 32.7g, 단백질 5.0g, 지방 13.1g
둘세 데 레체 / 영양성분(100g) … 열량 315kcal, 탄수화물 55g, 단백질 7.0g, 지방 7.0g

남미, 특히 아르헨티나에서는 '아르헨티나 초코파이'라고 불릴 정도로 국민 디저트인 알파홀입니다. 19세기 중반부터 즐겨먹었던 쿠기로 아몬드가루와 꿀이 들어가는 스페인의 알파홀과는 달리 전분과 밀가루로 만든 쿠키에 둘세데 레체(dulce de leche) 밀크잼을 발라 샌드하는 것이 특징입니다.

〈둘세 데 레체〉
우유 2.5컵(600ml)
설탕 1/2컵(100g)
베이킹소다 1/4ts
바닐라 익스트랙 1/4ts

〈알파홀〉
옥수수전분 150g or 감자전분 190g
중력분 3/4컵(90g)
베이킹파우더 1ts
베이킹소다 1/2ts
소금 1/3ts

설탕 1/3컵(70g)
무염버터 8Ts(112g)
달걀노른자 2개
* 브랜디 or 피스코(pisco) 1Ts
바닐라 익스트랙 1/2ts

둘세 데 레체 1/2컵
슈가파우더 or 코코넛가루

1. 둘세 데 레체를 만들 재료를 준비합니다.

2. 무쇠솥과 같이 두껍고 큰 냄비에 우유와 설탕, 베이킹소다를 넣고 중불에서 저으며 끓이다가 중약불로 줄이고 캐러멜색이 될 때까지 1시간~1시간 30분 정도 끓입니다.

3. 2가 캐러멜색으로 변하면 바닐라 익스트랙을 넣고 섞으면서 2~3분간 더 끓입니다.

4. 3을 용기에 덜어 식히면 둘세 데 레체가 완성됩니다.

5. 볼에 전분과 중력분, 베이킹파우더, 베이킹소다, 소금을 체에 내려 넣고 골고루 섞습니다.

6. 다른 볼에 설탕과 실온의 말랑한 무염버터를 넣어 설탕이 서걱거리지 않을 정도로 섞습니다.

7. 6에 달걀노른자를 넣어 버터와 분리되지 않도록 골고루 섞습니다. 브랜디가 있다면 지금 같이 넣고 섞으면 됩니다.

8. 달걀노른자와 버터가 잘 섞이면 바닐라 익스트랙을 넣고 한 번 더 섞습니다.

9. 8에 5의 가루 재료를 모두 넣고 날가루가 보이지 않을 때까지 가볍게 섞습니다.

10. 반죽을 위생봉투에 넣어 평평하게 만든 다음 냉장고에 넣어 1시간 동안 휴지시킵니다.

11. 바닥에 분량 외의 밀가루를 뿌린 후 10의 휴지시킨 반죽을 밀어 동그란 모양으로 찍습니다.

12. 11의 반죽을 180℃/350℉로 예열한 오븐에 넣어 10~12분간 구운 다음 식힘망에 올려 식힙니다.

13. 충분히 식은 쿠키에 4의 둘세 데 레체를 바르고 샌드합니다.

14. 마지막으로 슈가파우더나 코코넛가루를 뿌리면 완성입니다.

COOK's TIP

- 둘세 데 레체를 만들 때는 우유가 끓어 넘칠 수 있으니 큰 냄비를 사용하는 것이 좋고, 온도 변화가 쉽게 일어나지 않는 무쇠솥을 사용하는 것이 좋습니다.
- 둘세 데 레체는 일반 우유(whole milk)로 만듭니다. 만약 저지방우유밖에 없다면 우유의 1/6 분량을 휘핑크림으로 넣어 만들면 됩니다.
- 시중에 판매하는 연유캔으로 밀크잼을 만들 경우, 캔의 라벨을 떼고 캔 위로 물이 5cm 이상 올라오도록 물을 부어 약불에서 2시간 30분~ 3시간 정도 끓입니다. 중간에 물이 부족하면 채워 넣으면서 3시간 동안 끓이면 캐러멜색의 밀크잼을 만들 수 있습니다.
- 쿠키를 만들 때 사용하는 무염버터는 실온에 30분 이상 꺼내 말랑한 상태로 준비합니다.

CHURROS
추로스

🍚 4~6인분   🍴 12분   🥘 18분

영양성분(100g) … 열량 396.2kcal, 탄수화물 32.3g, 단백질 1.8g, 지방 29.6g

놀이공원의 필수 간식 추로스는 사실 스페인과 포르투갈의 디저트로 남미와 필리핀에서도 즐겨먹는 간식입니다. 버터를 넣어 풍미를 살린 추로스는 갓 튀겨 바삭할 때 먹어야 맛있는데, 멕시코 초콜릿 스파이스를 넣은 초콜릿 소스에 찍어 먹으면 훨씬 더 맛있게 즐길 수 있습니다.

〈추로스〉
물 1컵(240ml)
버터 1/2컵(112g)
설탕 1Ts
소금 1/4ts
중력분 1컵(120g)
달걀 3개
바닐라 익스트랙 1ts
튀김용 식용유 적당히

설탕 4Ts
시나몬가루(계피가루) 1/2ts

〈초콜릿 소스〉
휘핑크림 or 헤비크림 1/2컵(120ml)
우유 2Ts
다크초콜릿 1/2컵(110g)
멕시코 초콜릿 스파이스 1~4ts

〈멕시코 초콜릿 스파이스〉
시나몬가루 4ts
생강가루 2ts
카옌페퍼 1ts or 고춧가루 2/3ts

1. 냄비에 물을 부은 다음 중약불에서 끓이다가 버터를 잘라 넣고 버터가 살짝 녹기 시작하면 설탕과 소금을 넣습니다.

2. 버터가 완전히 녹으면 불을 끄고 중력분을 체에 내려 넣은 다음 덩어리가 없도록 골고루 섞습니다.

3. 2에 달걀을 하나 넣고 반죽이 분리되지 않도록 잘 섞습니다. 달걀이 완전히 섞이면 하나를 더 깨서 넣고 섞습니다.

4. 마지막 달걀은 바닐라 익스트랙과 함께 넣고 완전히 섞어 부드러운 반죽을 만듭니다.

5. 4의 반죽을 별모양 깍지를 낀 짤주머니에 넣고 180℃/350℉로 예열한 식용유에 12~15cm 길이로 짜 넣어 노릇노릇하게 튀깁니다.

6. 튀긴 추로스는 키친타월을 이용해서 기름을 완전히 제거한 후, 설탕과 시나몬가루를 섞은 그릇 위에 굴리면 완성입니다.

7. 초콜릿 소스를 만듭니다. 냄비에 휘핑크림과 우유를 넣고 약불에서 따뜻할 정도로만 데웁니다.

8. 볼에 다크초콜릿을 넣고 시나몬가루와 생강가루, 카옌페퍼를 섞어 만든 멕시코 초콜릿 스파이스를 넣은 다음 7의 데운 우유를 부으면 완성입니다. 완성된 초콜릿 소스는 추로스와 곁들여 먹습니다.

COOK's TIP

- 추로스 반죽에 덩어리가 조금이라도 있으면 모양을 예쁘게 잡을 수 없기 때문에 반죽은 부드럽고 곱게 만듭니다.
- 짤주머니에 깍지를 끼운 다음 긴 컵에 넣으면 짤주머니 안에 반죽을 넣기 쉽습니다.
- 5번 과정에서 추로스 반죽을 자를 때 칼을 사용할 경우 반죽을 안에서 바깥으로 자르는 것이 잘 잘립니다. 만약 주변에 칼이나 가위가 없다면 팬의 가장자리를 이용해서 반죽을 잘라도 좋습니다.
- 초콜릿 소스를 만들 때 우유는 막이 생기지 않도록 끓여야 영양 손실이 적으므로, 반드시 약불에서 데우듯이 끓입니다.
- 먹고 남은 추로스를 에어프라이어나 오븐에 살짝 구우면 다시 바삭하게 먹을 수 있습니다.
- 멕시코 초콜릿 스파이스는 분량대로 섞어 핫초코에 뿌려 먹어도 맛있습니다.

CHICHARRON
치차론 / 돼지껍질 튀김 [멕시코 등 라틴 전역]

🍚 3~4인분　　✏️ 24시간　　🍲 12분

영양성분(100g) … 열량 577.8kcal, 탄수화물 0.3g, 단백질 54.1g, 지방 38.2g

'chicharrón', 'torresmo', 'tsitsaron'이라고 불리는 이 디저트는 돼지껍질을 튀겨서 만드는 음식으로 취향에 따라 닭이나 양, 소고기의 껍질로도 만들 수 있습니다. 멕시코뿐만 아니라 라틴아메리카 대부분의 지역과 캐나다, 필리핀에서도 즐겨먹는 간식이지만 열량과 지방이 상당히 높아 건강에 유의해야 합니다.

〈치차론〉
돼지껍질 600g
물 2L
* 마늘 or 오레가노 약간
식용유 1~2컵
소금 1/2ts
* 칠리파우더 or 고춧가루 1/2ts
* 쿠민 1/2ts

1. 돼지껍질은 뒤집어서 지방층을 살살 잘라내 손질합니다.

2. 냄비에 물을 붓고 손질한 돼지껍질을 넣어 모양과 색이 변할 때까지 30분간 삶습니다.

3. 삶은 돼지껍질을 5cm 정도로 잘라서 하루 이상 말립니다.

4. 냄비에 식용유를 부어 달군 다음 3을 넣어 바삭하게 튀깁니다. 튀긴 돼지껍질은 기름을 제거하고 소금을 뿌리면 완성입니다.

COOK's TIP

· 돼지껍질은 얇을수록 바삭하고 맛있습니다. 처음부터 바짝 마른 돼지껍질을 사용한다면 삶지 않고 바로 튀길 수 있고, 크기도 훨씬 커져서 더욱 바삭하게 즐길 수 있습니다.

· 2번 과정에서 마늘이나 오레가노 등을 넣어서 끓이면 돼지의 잡내를 없앨 수 있습니다.

· 돼지껍질을 튀길 때는 생각보다 기름이 많이 튑니다. 가능하면 뚜껑을 살짝 덮고 튀기거나 야외에서 튀기는 것을 추천합니다.

· 4번 과정에서 양손에 집게를 들고 껍질을 늘려가면서 튀기면 더욱 맛있게 튀겨집니다.

· 완성된 치차론에 소금과 함께 칠리파우더나 쿠민을 뿌려도 좋습니다.

TRES LECHES
트레스 레체스 / 밀크 케이크 [라틴 전역]

🍚 23cm 정사각형 팬　🍴 25분　🍲 35분

영양성분(100g) … 열량 231.8kcal, 탄수화물 31.4g, 단백질 4.1g, 지방 10.3g

유럽과 라틴아메리카에서 즐기는 디저트로, 가벼운 케이크 시트와 달콤한 우유 시럽, 부드러운 생크림이 반드시 들어가야만 완성되는 밀크 케이크입니다. 만드는 과정도 어렵지 않고 부담 없이 먹을 수 있기 때문에 아주 인기가 많습니다.

〈케이크 시트〉
중력분 1¼컵(150g)
베이킹파우더 1/2Ts
소금 1/3ts
달걀 4개
설탕① 1/2컵(96g)
우유 4Ts(60ml)
바닐라 익스트랙 1/2ts
설탕② 1/4컵(48g)

〈우유 시럽〉
멸균우유 or 무당연유(evapolated milk) 200ml
연유 200g(150ml)
생크림 or 헤비크림 50ml

〈생크림〉
휘핑크림 or 생크림 300ml
설탕 42g
* 바닐라 익스트랙 1/2ts

〈데커레이션〉
딸기 약간
시나몬가루 약간

1. 9×9inch(23cm 정사각형) 팬에 분량 외의 오일을 바른 후 밀가루를 살짝 뿌리고 털어 팬에 밑작업을 합니다.

2. 볼에 중력분과 베이킹파우더, 소금을 체에 내려 넣습니다.

3. 달걀은 흰자와 노른자로 분리하고 달걀노른자에 설탕①을 넣어 설탕이 녹을 때까지 1~2분간 세게 휘핑한 다음 우유와 바닐라 익스트랙을 넣고 섞습니다.

4. 달걀흰자는 휘저어 거품을 낸 다음 설탕②를 넣고 볼에서 떨어지지 않고 뿔이 생길 때까지 휘핑해 머랭을 만듭니다.

5. 3의 달걀노른자 반죽에 2의 가루 재료를 넣어 날가루가 없을 때까지 섞다가, 4의 머랭을 넣고 머랭이 꺼지지 않도록 부드럽게 섞습니다.

6. 1에서 준비한 팬에 5의 반죽을 부은 다음 바닥에 2번 정도 탁탁 내려쳐 기포를 없애고 180℃/350℉로 예열한 오븐에서 30분간 굽고 살짝 식힙니다.

7. 그 사이 컵에 멸균우유와 연유, 생크림을 모두 넣어 우유 시럽을 만듭니다.

8. 6의 케이크를 포크로 찍어 구멍을 낸 다음 7의 우유 시럽을 모두 붓고 냉장고에 넣어 완전히 차갑게 만듭니다.

9. 볼에 휘핑크림을 넣고 파도 무늬가 생길 때까지 휘핑하다가 설탕을 넣고 다시 휘핑해 생크림을 만듭니다.

10. 8의 차가운 케이크에 9의 생크림을 바르고, 딸기나 시나몬가루로 장식하면 완성입니다.

COOK's TIP

· 6번 과정에서 구운 케이크 시트의 가운데를 이쑤시개로 찔렀을 때 반죽이 묻어나오지 않아야 식은 후에도 시트가 가라앉지 않고 모양이 잘 만들어집니다.

PÃO DE QUEIJO
팡 지 케이주 / 치즈볼 [브라질]

🍚 12개 🥄 20분 🍲 20분

영양성분(100g) … 열량 407.6kcal, 탄수화물 45.1g, 단백질 10.2g, 지방 20.7g

팡 지 케이주는 브라질의 치즈볼로 콜롬비아나 에콰도르, 아르헨티나 등에서도 즐기는 디저트입니다. 주로 식전 빵이나 간식으로 먹으며 카사바의 뿌리인 타피오카로 만든 반죽에 치즈를 넣어 만들었기 때문에 마치 깨찰빵에 치즈를 섞은 듯한 맛을 가지고 있습니다.

〈팡 지 케이주〉
우유 1/2컵
물 1/4컵
무염버터 5Ts
소금 1/4ts

타피오카전분 2¼ 컵(270g)
강력분 or 중력분 2~3Ts
설탕 1.5Ts(21g)
달걀 1개
파마산 치즈 2/3컵(80g)
모차렐라 1/3컵(33g)
* 식용유 1Ts

1. 냄비에 우유와 물, 무염버터, 소금을 넣고 센불에서 바르르 끓입니다.

2. 볼에 타피오카전분과 강력분, 설탕을 넣어 섞고, 1을 뜨거울 때 부어 재빨리 한 덩어리로 만듭니다.

3. 한 덩어리로 만든 반죽은 표면이 마르지 않도록 랩으로 덮은 후 10~15분간 휴지시킵니다.

4. 휴지시킨 3에 달걀과 파마산 치즈, 모차렐라를 넣고 골고루 섞습니다.

5. 촉촉해진 반죽을 탁구공 정도의 크기(약 60g)로 떼어 손바닥으로 둥글게 만듭니다.

6. 반죽을 오븐 팬 위에 올리고 190℃/375℉로 예열한 오븐에 넣어서 17~20분간 구우면 완성입니다.

COOK's TIP

• 5번 과정에서 손바닥에 식용유를 묻히면 반죽이 손에 달라붙지 않습니다.

FLAN NAPOLITANO
플란 나폴리타노 /
캐러멜 푸딩 [브라질, 베네수엘라, 멕시코, 스페인]

🍚 8~12인분 🍴 12분 🍲 1시간

영양성분(100g) … 열량 209.7kcal, 탄수화물 28.8g, 단백질 6.8g, 지방 7.7g

부드러운 커스터드 크림이 입에서 살살 녹는 플란 나폴리타노는 프랑스에서 '크렘 캐러멜'이라고도 불리는 달콤한 디저트입니다. 캐러멜 시럽에 커스터드 크림을 부어 오븐에 굽는 푸딩이며 한입만 먹어도 푸딩의 달콤함에 절로 행복해집니다.

〈캐러멜 시럽〉
설탕 1/2~2/3컵(96~130g)
물 1Ts

〈플란 나폴리타노〉
연유 1캔(397g)
무당연유 or 멸균우유 1캔(354ml)
달걀 3개
달걀노른자 2개 or 달걀 1개
* 크림치즈 3Ts(65g)
바닐라 익스트랙 1Ts

따뜻한 물

1. 작은 냄비에 설탕과 물을 넣고 중약불에서 10분간 캐러멜색이 나도록 끓여 캐러멜 시럽을 만듭니다.

2. 믹서에 연유와 무당연유, 달걀, 달걀노른자, 크림치즈, 바닐라 익스트랙을 모두 넣고 곱게 갈아 반죽을 만듭니다.

3. 오븐용 그릇이나 케이크 틀에 1의 캐러멜 시럽을 붓고 그릇을 돌려 둥글게 모양을 잡아줍니다.

4. 캐러멜 시럽 위에 2의 반죽을 붓습니다.

5. 쿠킹호일로 4에 뚜껑을 만들어 덮은 다음 커다란 팬이나 그릇(플란) 위에 올리고 40~50℃의 따뜻한 물을 1.5~2cm 정도 붓습니다.

6. 5를 180℃/350℉로 예열한 오븐에서 45분~1시간 동안 굽고, 냉장고에 5시간 동안 넣어 완전히 굳힙니다.

7. 완전히 굳은 푸딩을 먹기 20분 전에 냉장고에서 꺼내 나이프로 가장자리에 틈을 만들어 빠지기 쉽게 만듭니다.

8. 평평한 그릇을 푸딩 그릇 위에 올리고 그릇째 뒤집어 꺼내면 완성입니다.

COOK's TIP

- 3번 과정에서 캐러멜 시럽이 빨리 굳기 때문에 재빨리 모양을 잡도록 합니다.
- 플란을 만드는 나라는 전용 냄비가 따로 있지만, 우리나라에서는 쉽게 구할 수 없으니 오븐용 유리용기에 넣어 오븐에 중탕으로 굽습니다.
- 5번 과정에서 쿠킹호일을 덮지 않을 경우 윗면이 탈 수 있습니다.
- 오븐이 없다면 중약불에서 김이 오른 찜기에 25~30분간 쪄서 만들 수도 있습니다.
- 작은 크기는 45분, 큰 것은 1시간 정도 굽거나 찌면 되지만 그릇의 크기에 따라 시간이 달라지니 45분 정도 구운 후에 푸딩 상태가 되었는지 확인하고 꺼냅니다.

Chapter 7 | COCKTAIL &
BEVERAGE
칵테일 & 음료

TEQUILA SUNRISE
테킬라 선라이즈

🥣 2잔   🥄 1분   🍲 1분

영양성분(100g) ⋯ 열량 108.7kcal, 탄수화물 10.8g, 단백질 0.3g, 지방 0.1g

영화에 자주 등장하여 우리에게 아주 익숙한 테킬라 선라이즈입니다. 테킬라와 오렌지주스, 그레나딘 시럽이 섞이지 않고 층을 만들어 자연스러운 그러데이션이 생기기 때문에 눈이 즐거워지는 예쁜 칵테일입니다.

〈테킬라 선라이즈〉
얼음 1~1.5컵
테킬라 45g
오렌지주스 3/4컵
그레나딘 시럽 30g

* 오렌지 슬라이스 1조각
* 포도 4알

1. 컵에 얼음을 채우고 테킬라를 넣습니다.

2. 그다음 오렌지주스를 넣습니다.

3. 컵 위에 숟가락을 올리고 그레나딘 시럽을 흘려 넣어 시럽이 숟가락을 타고 내려가 층을 만들면 완성입니다.

4. 꼬치에 오렌지 슬라이스와 포도를 꽂아 장식하면 더욱 좋습니다.

COOK's TIP

· 그레나딘 시럽은 당밀에 석류를 넣어 만든 선홍색의 시럽입니다.

· 3번 과정에서 그레나딘 시럽을 숟가락을 사용해 흘려 넣지 않으면 시럽이 주스와 섞여 선라이즈 느낌이 나지 않으니 반드시 숟가락을 이용해 층을 만들도록 합니다.

· 완성된 테킬라 선라이즈에 오렌지 슬라이스와 포도 외에 마라스키노 체리를 올려 장식해도 좋습니다.

LICUADO DE MELON
리쿠아도 드 멜론 / 멜론 스무디

🥣 2잔　🍴 6분　🍲 1분

영양성분(100g) ⋯ 열량 37.3kcal, 탄수화물 9.4g, 단백질 0.3g, 지방 0.1g

여름에 갈아 마시면 좋은 멜론 스무디, 리쿠아도 드 멜론입니다. 베타카로틴과 비타민C가 풍부하고 항산화 작용을 하는 멜론으로 만들어 맛은 물론 건강까지 챙길 수 있습니다. 달콤한 맛에 아이들 간식으로도 좋고, 멜론 이외에 수박이나 파인애플 등 시원한 여름 과일로 만들어도 맛있습니다.

〈리쿠아도 드 멜론〉
레드멜론 2컵(200~250g)
물 or 탄산수 1컵(240ml)
얼음 1/2컵
설탕 3Ts
라임즙 1ts

* 민트 약간

1. 멜론은 껍질을 벗겨 과육만 깍둑썰기하고 물, 얼음, 설탕, 라임즙을 준비합니다.

2. 믹서에 얼음을 가장 먼저 넣고 그 위에 나머지 재료를 넣은 다음 여러 번 끊어가며 곱게 갈면 완성입니다.

COOK's TIP

- 믹서로 갈 때 한 번에 갈려고 하면 원심분리가 생겨 잘 갈리지 않을 수 있으니 여러 번 끊어서 곱게 갈아줍니다.
- 물 대신 요거트를 넣어서 갈면 멜론 요거트 스무디인 'como hacer batido do melon'이 됩니다.

MANGO MARGARITA
망고 마르가리타

🍴 3잔　　✏️ 2분　　🍲 2분

영양성분(100g) … 열량 70.1kcal, 탄수화물 10.4g, 단백질 0.4g, 지방 0.1g

마르가리타는 멕시코의 대표 증류주인 테킬라를 베이스로 트리플 섹(triple sec), 오렌지 리큐어, 라임, 레몬 등을 넣어서 만드는 칵테일입니다. 멕시코에서는 아무 것도 섞지 않은 상태에서 잔 주위에 소금을 둘러 마시는 것이 일반적이지만, 여기서는 망고를 넣어 부드럽게 먹는 방법을 소개하겠습니다.

〈망고 마르가리타〉
얼음 1.5〜2컵
(아이스)망고 1컵(220g)
오렌지주스 or 망고주스 1/2컵(120ml)
실버 테킬라 90ml
트리플 섹 30ml
아가베시럽 or 메이플시럽 2〜4Ts
라임즙 2Ts

* 라임 약간
* 소금 2〜3Ts

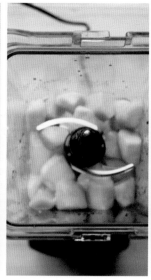

1. 모든 재료를 준비합니다.

2. 믹서에 얼음 → 망고 → 주스, 테킬라, 트리플 섹, 시럽, 라임즙 순서로 넣고 곱게 갈아줍니다.

3. 잔의 윗부분에 라임즙을 바르고 소금을 담은 접시 위에 뒤집어 가장자리에 소금을 묻힌 다음 2를 부으면 완성입니다.

COOK's TIP

- 망고는 아이스망고를 사용해야 잘 갈리고, 시원하게 즐길 수 있습니다.
- 잔에 소금을 묻힐 때는 잔의 윗부분에 라임을 가볍게 문질러 즙을 바른 뒤, 접시에 평평하게 담은 소금 위에 거꾸로 올려 라임즙에 소금이 묻도록 합니다. 그다음 소금이 묻어있는 컵을 바로 세우고 상온에서 말리면 됩니다.

JALAPEÑO MARGARITA
할라피뇨 마르가리타(on the rock)

🥣 1~2잔　✎ 2분　🍲 2분

영양성분(100g) ⋯ 열량 86.3kcal, 탄수화물 13.8g, 단백질 0.6g, 지방 0.0g

마르가리타에 할라피뇨를 넣어 약간 매콤하게 즐기는 칵테일입니다. 매운맛이 있으니 얼음을 넣어서 온 더 락(on the rock)으로 만드는 것을 추천합니다.

〈할라피뇨 마르가리타〉
할라피뇨 or 청양고추 3~4g
물 45ml(3Ts)
설탕 1Ts
테킬라 60ml
오렌지즙 3Ts
라임즙 3Ts

* 라임 약간
* 소금 2~3Ts

1. 할라피뇨를 얇게 썰어 전자레인지용 용기에 넣고 물과 설탕을 넣어 잘 섞은 후 전자레인지에 15초씩 2번 돌립니다.

2. 오렌지를 손바닥으로 굴려 말랑말랑하게 만든 다음 반으로 잘라 즙을 냅니다. 라임도 같은 방법으로 즙을 냅니다.

3. 병에 테킬라와 2의 오렌지즙, 라임즙을 넣은 다음 1의 할라피뇨를 넣고 잘 섞습니다.

4. 잔의 윗부분에 라임즙을 바르고, 소금을 담은 접시 위에 뒤집어 소금을 묻힌 다음 3을 부으면 완성입니다.

COOK's TIP

• 잔에 소금을 묻힐 때는 잔의 윗부분에 라임을 가볍게 문질러 즙을 바른 뒤, 접시에 평평하게 담은 소금 위에 거꾸로 올려 라임즙에 소금이 묻도록 합니다. 그다음 소금이 묻어있는 컵을 바로 세우고 상온에서 말리면 됩니다.

MOJITO
모히토

모히토 / 영양성분(100g) ⋯ 열량 69.2kcal, 탄수화물 7.2g, 단백질 0.1g, 지방 0.0g
딸기 모히토 / 영양성분(100g) ⋯ 열량 66.0kcal, 탄수화물 7.5g, 단백질 0.12g, 지방 0.1g

1잔 1분 2분

하바나, 쿠바에서 마시기 시작한 모히토는 5가지(럼, 설탕, 라임즙, 소다수, 민트) 재료를 넣어 만드는 칵테일입니다. 다양한 재료가 들어가기 때문에 알코올 도수가 낮아 여름 칵테일로 많은 사랑을 받고 있습니다. 여기서는 기본적인 모히토와 딸기 모히토 만드는 방법을 설명해드립니다.

〈모히토〉
민트잎 10~12개
라임 1개
설탕 2Ts
얼음 1컵
럼주 1/3컵
클럽소다 or 탄산수, 사이다 1/2컵

* 민트잎

〈딸기 모히토〉
민트잎 6개
딸기 3개(2개+1개)
라임 1/2개 or 라임즙 1Ts
* 설탕 1Ts
* 얼음 1컵
럼주 60g
그레나딘 시럽 or 일반시럽 1Ts
클럽소다 or 탄산수, 사이다 1/3~1/2컵

* 민트잎

1. 컵에 민트잎과 라임 1/4개(딸기 2개)를 넣어 빻습니다.

2. 민트잎과 라임(딸기)이 적당히 으깨지면 라임 1/2개와 설탕을 넣어 다시 빻습니다.

3. 얼음과 럼주를 넣고 잘 섞습니다.

4. 클럽소다를 넣어 컵을 채운 다음 민트잎과 남은 라임 1/4개(딸기 1개)를 넣어 장식하면 완성입니다.

COOK's TIP

• 클럽소다 대신 사이다를 넣을 경우, 설탕은 생략하거나 양을 줄입니다.

• 딸기 모히토를 만들 때 그레나딘 시럽은 럼주와 함께 넣어 섞도록 합니다.

BRAZILIAN LEMONADE(LIMEADE)
브라질 레몬에이드(라임에이드)

🥣 2~3잔　🍴 5분　🍲 1분

영양성분(100g) … 열량 90.9kcal, 탄수화물 19.5g, 단백질 1.3g, 지방 1.4g

기분까지 상쾌해지는 상큼한 레몬에 달달한 연유를 넣어 만든 부드럽고 달콤한 브라질식 레몬에이드입니다. 여기서는 레몬 대신 라임으로 만들어보겠습니다.

〈브라질 레몬에이드(라임에이드)〉
라임 3~4개(390g)
→ 라임제스트 1~2ts + 라임즙 150ml
설탕 70~80g
차가운 물 3컵
얼음 1컵
연유 120g

* 베이킹소다
* 식초 + 물
* 장식용 라임

1. 라임은 베이킹소다와 칫솔을 사용해서 깨끗하게 닦은 후 식초물에 잠시 담가 불순물을 제거합니다.
2. 라임을 손바닥으로 굴려 말랑하게 만든 후, 껍질의 초록색 부분은 갈아서 제스트를 만들고, 과육은 반으로 잘라 라임즙을 만듭니다. 나머지 재료도 준비합니다.
3. 커다란 용기에 라임제스트와 라임즙, 설탕, 물, 얼음을 넣어서 설탕이 녹을 때까지 완전히 섞습니다.
4. 설탕이 녹으면 연유를 부어 골고루 섞고, 장식용 라임을 올리면 완성입니다.

COOK's TIP

• 브라질 레몬에이드는 믹서를 사용해서 만들 수도 있습니다.

> 1. 레몬을 8등분으로 잘라 설탕, 물과 함께 믹서에 넣고 갈아줍니다.
> 2. 1을 체에 내려 레몬 찌꺼기를 제거합니다.
> 3. 2에 연유를 넣어 섞고 얼음과 레몬으로 장식하면 완성입니다.

• 믹서를 사용할 때 마지막에 연유를 넣고 믹서에 20초 정도 돌리면 거품이 생겨서 더 부드러운 브라질 레몬에이드를 맛볼 수 있습니다.

SANGRIA
상그리아

🍶 6~8잔 🥢 5분 🍲 하루

영양성분(100g) … 열량 74.5kcal, 탄수화물 7.1g, 단백질 0.2g, 지방 0.1g

스페인과 포르투갈, 그리스, 영국에서도 즐겨 마시는 음료이지만 남미쪽에서 더욱 인기 있는 칵테일입니다. 레드와인에 과일을 넣어서 따뜻하게 마시는 뱅쇼와는 또 다른 맛의 칵테일로 좋아하는 과일을 넣어 다양하게 만들 수 있습니다.

〈상그리아〉
사과 1개
오렌지 1개
레몬 1개
베리(블랙베리, 라즈베리, 딸기 등) 200g
흑설탕 2~3Ts
오렌지주스 3/4컵(180ml)
* 석류 or 포도주스 1/2컵(120ml)
브랜디 or 트리플 섹 1/2컵(120ml)
레드와인 1병(750ml)

* 탄산수
* 얼음

1. 과일을 깨끗하게 씻어 준비합니다. 사과와 오렌지, 레몬은 껍질째 얇게 썰어줍니다.

2. 손질한 과일과 흑설탕을 보관 용기에 넣고 나무나 플라스틱 막대로 1분간 찧으며 잘 섞습니다.

3. 오렌지주스와 브랜디를 넣고 섞다가 레드와인을 부은 다음 냉장고에서 24시간 정도 숙성시키면 완성입니다.

COOK's TIP

- 과일은 최대한 얇게 썰어야 과즙이 더 잘 우러납니다.
- 냉장고에서는 최대 48시간까지 숙성시킬 수 있으며, 더 오래 보관할 경우에는 과일은 빼고 액체만 보관합니다.
- 술이 약하다면 탄산수나 얼음을 넣어 마셔도 좋습니다.

Chapter 8 | SAUCE &
ETC.
소스 & 부재료

MOLE SAUCE
몰레 소스

🍲 8~10컵　🍴 25분　🍲 1~2시간

영양성분(100g) … 열량 117.8kcal, 탄수화물 16.7g, 단백질 2.9g, 지방 5.2g

몰레(mole)는 멕시코의 전통 소스로 지역마다, 집집마다 만드는 방법이 다르고 많게는 60가지의 재료가 들어가기도 하는 소스입니다. 고추에 계피와 다크초콜릿 등을 넣어서 만드는 몰레 소스는 카레나 짜장과 비슷하며 주로 삶거나 구운 고기에 뿌려 먹습니다.

〈몰레 소스〉

과히요 칠리 2개(8g) or 안 매운 건고추 2개
앤초 칠리 2개(30g) or 안 매운 건고추 3~4개
치폴레 칠리 or (치폴레아도보 통조림에 들어 있는)치폴레 칠리 3개(17g)
식빵 or 모닝빵 1조각(25g)
옥수수 토르티야 2장(53g)
토마토 1개(240g)
토마틸로 3~4개(240g) or 토마토 1개
버터 or 코코넛오일 1~2Ts
양파 1개(200g)
마늘 5쪽(25g)
아몬드 20g

땅콩 20g
건포도 4Ts(28g)
닭육수(p.317) or 다시마육수(p.318) 3컵(720ml)
쿠민 1Ts
타임 or 오레가노 1Ts
시나몬가루 1ts or 계피 2개
정향 6개
다크초콜릿 140g
설탕 2~4Ts
소금 1ts

1. 과히요 칠리와 앤초 칠리, 치폴레 칠리는 젖은 면포로 깨끗이 닦은 다음 가위로 씨와 꼭지를 제거합니다.

2. 모든 재료를 준비합니다. 토마토와 토마틸로는 적당한 크기로 자르고, 양파와 마늘은 얇게 썹니다.

3. 마른 팬에 1의 손질한 칠리를 넣고 칠리의 단맛이 날 때까지 중불에서 3~5분간 볶은 다음 꺼냅니다.

4. 동일한 팬에 빵과 토르티야를 넣고 겉면이 바삭하면서 갈색이 되도록 중약불에서 3분간 굽고 꺼냅니다.

5. 토마토와 토마틸로도 부드럽게 익을 정도로 중불에서 3~5분간 구워 꺼냅니다.

6. 이번에는 팬에 버터를 넣고 녹인 다음 얇게 썬 양파와 마늘을 넣고 4~5분간 볶아 양파가 투명해지면 꺼냅니다.

7. 믹서에 3~6까지의 재료와 아몬드, 땅콩, 건포도를 넣고, 닭육수를 1/2컵 정도만 남겨두고 모두 부어서 곱게 갈아줍니다.

8. 두꺼운 냄비에 7을 부은 다음 남겨둔 육수로 믹서를 헹구어 냄비에 붓고 중불에서 저으며 끓입니다.

9. 소스가 끓기 시작하면 쿠민, 타임, 시나몬 가루, 정향을 넣어 10분간 끓입니다.

10. 소스가 끈끈해지기 시작하면 다크초콜릿과 설탕, 소금을 넣어 잘 섞고 3~4분간 더 끓이면 완성입니다.

COOK's TIP

- 시판용 몰레 소스는 수분이 거의 없이 응축되어 있어서 영양성분이 4배 정도 차이가 납니다. 음식에 사용할 때는 소스와 물을 1 : 2~3의 비율로 섞어 사용합니다.
- 아몬드와 땅콩 중 1가지 종류만 넣을 때는 용량을 40g으로 늘려 넣습니다.
- 완성된 몰레 소스를 열탕 소독한 용기에 넣으면 냉장고에서 한 달 정도 보관이 가능합니다.
- 고기 위에 몰레 소스를 올릴 때는 살짝 데워 따뜻한 상태로 사용하고, 소스 위에 참깨를 듬뿍 뿌려도 좋습니다.

SALSA ROJA
살사 로하

🍲 1.5~2컵 🥄 2분 🍲 18분

영양성분(100g) … 열량 35.1kcal, 탄수화물 7.5g, 단백질 1.4g, 지방 0.5g

'살사'는 스페인어로 소스라는 뜻으로 '살사 로하'는 붉은 소스라는 의미를 가지고 있습니다. 멕시코의 가장 기본 소스인 살사 로하는 구운 야채로 만들어야 더욱 맛있습니다.

〈살사 로하〉
건고추 3~4개(손질 후 8g)
할라피뇨 or 청양고추 1/2개(손질 후 20g)
토마토 2~3개(200~250g)
양파 1/4개(45g)
마늘 1쪽(5~6g)
물 1/2~2/3컵(120~160ml)
* 라임즙 1/2Ts or 식초 1ts
소금 1/2ts
설탕 1/2ts
* 쿠민 1꼬집
* 후추 1꼬집

1. 건고추와 할라피뇨는 가위로 씨와 꼭지를 제거하고 토마토, 양파, 마늘은 깨끗이 씻어 물기를 제거한 다음, 팬에 쿠킹호일을 깔고 앞뒤로 돌려가며 굽습니다.

2. 구운 건고추는 끓는 물에 넣고 2분간 데쳐 부드럽게 만듭니다.

3. 믹서나 절구(molcajete)에 1의 구운 채소와 2의 데친 건고추를 넣은 다음 물을 붓고 곱게 갈아줍니다. 이때 토마토는 껍질을 벗겨서 넣도록 합니다.

4. 작은 냄비에 3을 붓고 약불에서 10분 이내로 끓이다가 마지막에 소금과 설탕으로 간을 맞추면 완성입니다.

COOK's TIP

• 믹서에 갈 때, 물 대신 토마토를 더 넣어서 만들어도 좋습니다.
• 완성된 살사 로하를 열탕 소독한 용기에 넣으면 냉장고에서 최대 두 달까지 보관할 수 있습니다.

SALSA VERDE
살사 베르데

영양성분(100g) … 열량 34.0kcal, 탄수화물 7.7g, 단백질 1.6g, 지방 0.3g

'초록 소스'라는 의미의 살사 베르데는 토마틸로와 매운 고추를 섞어서 만든 소스입니다. 만드는 재료에 따라 이름이 조금씩 달라지는데 익힌 재료로 만들면 '코시다(cocida)', 구운 재료로 만들면 '아사다(asada)', 익히지 않고 만들면 '크루다(cruda)'라고 불립니다.

〈살사 베르데〉
토마틸로 or 청토마토 230g
할라피뇨 or 청양고추 1개(36~40g)
다진 양파 3Ts(45g)
다진 고수 1.5Ts(8g)
마늘 1쪽(5g)
라임즙 1Ts
소금 1/4~1/3ts
오레가노 1꼬집
쿠민 1꼬집

1. 재료를 준비합니다. 토마틸로와 할라피뇨, 양파, 고수, 마늘은 깨끗이 씻어서 손질합니다.

2. 믹서에 1의 모든 재료를 넣어서 곱게 갈면 완성입니다.

COOK's TIP

• 완성된 살사 베르데는 되도록 빠른 시간 내에 먹습니다.

• 남은 소스를 냄비에 넣고 끓여서 살사 베르데 코시다와 비슷하게 만들면 조금 더 오래 두고 먹을 수 있습니다.

• 오래 보관하려면 재료를 끓는 물에 익히거나 불에 구워서 만드는 것이 가장 좋으며, 이렇게 만든 소스를 열탕 소독한 용기에 넣으면 냉장고에서 최대 두 달까지 보관할 수 있습니다.

ENCHILADA SAUCE
엔칠라다 소스

 🥣 3컵 🥄 5분 🍲 15분

영양성분(100g) … 열량 44.3kcal, 탄수화물 8.6g, 단백질 1.8g, 지방 1.0g

멕시코와 남미에서 즐겨먹는 엔칠라다(p.210)를 만들기 위한 소스입니다. 한국에서 쉽게 만들 수 있도록 건고추를 이용해서 만드는 방법을 알려드리겠습니다.

〈엔칠라다 소스〉
건고추 8~9개(손질 전 35g)
* 앤초 칠리 1개(16g)
토마토 1~2개(150~250g)
양파 1/4개(50g)
마늘 1~2쪽
* 쿠민 1/2Ts
소금 3/4ts
후추 1/4ts
물 1컵(240ml)

1. 건고추는 깨끗하게 씻은 다음 가위를 이용해 2~3등분으로 자릅니다.

2. 끓는 물에 1의 건고추를 넣고 1분간 끓인 후 토마토를 넣어 토마토의 껍질이 벗겨질 때까지 끓입니다.

3. 믹서에 2의 건고추와 껍질을 벗긴 토마토를 건져 넣은 다음 양파와 마늘, 쿠민, 소금, 후추를 넣고 물을 부어 곱게 갈아줍니다.

4. 3을 팬에 붓고 약불에서 칠리의 단맛이 날 때까지 저으며 끓이면 완성입니다.

COOK's TIP

- 시판용 엔칠라다 소스 통조림을 사용하면 간편합니다.
- 토마토를 더 넣어 만들고 싶다면 물의 양을 3/4컵(180ml)으로 줄여 만듭니다.
- 김치찜이나 찌개에 넣고 싶다면 쿠민을 넣지 않는 것이 좋습니다.

QUESO SAUCE
퀘소 소스

🍚 8~12컵 🥄 5분 🍲 12분

영양성분(100g) ··· 열량 307.6kcal, 탄수화물 9.9g, 단백질 17.4g, 지방 22.4g

치즈를 녹여서 만드는 고소한 퀘소 소스는 스페인어로 치즈라는 의미의 '퀘소(queso)'에서 유래한 말로 주로 토르티야 칩을 찍어 먹는 소스입니다.

〈퀘소 소스〉
무염버터 1Ts
다진 마늘 1쪽
다진 양파 4Ts
다진 토마토小 1개(115g)
칠리통조림 or 할라피뇨통조림 1캔(112g)
중력분 1Ts
몬테리 잭 치즈 + 멕시칸 스타일 치즈 400g
우유 1/2컵(120ml)
쿠민 1/4ts
* 마늘가루 1/4ts
* 양파가루 1/4ts
소금 1/4ts
후추 1/4ts

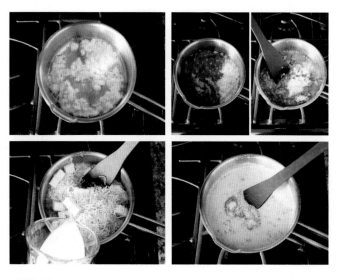

1. 밑이 두꺼운 냄비를 약불로 달군 후 무염버터를 넣어서 완전히 녹이고, 다진 마늘과 양파를 넣어 양파가 부드럽게 익도록 볶습니다.

2. 다진 토마토와 칠리통조림을 넣어 2분간 저어가며 볶다가 중력분을 넣고 섞습니다.

3. 치즈와 우유를 넣고 치즈가 완전히 녹아 부드럽게 변하도록 저으며 섞습니다.

4. 쿠민과 마늘가루, 양파가루를 넣어 섞고 소금과 후추로 간을 맞춘 후 불을 끄면 완성입니다.

COOK's TIP

• 완성된 퀘소 소스에 고수와 토마토, 할라피뇨, 고추씨, 체더 치즈 등을 올리면 맛이 더욱 풍부해집니다.

• 멕시칸 스타일 치즈 대신 모차렐라를 넣어 만들면 하얀색의 '퀘소 블랑코(queso blanco)' 소스가 됩니다.

TACO SEASONING
타코 시즈닝

 3¼ Ts 　 1분 　 1분

영양성분(100g) ··· 열량 273.2kcal, 탄수화물 51.0g, 단백질 11.5g, 지방 10.0g

멕시코에서 많이 사용하는 향신료를 모아 만든 타코 시즈닝으로 멕시코의 느낌을 가장 쉽게 느낄 수 있습니다. 적은 양으로 보이지만 600~700g 정도의 고기를 양념할 수 있습니다.

〈타코 시즈닝〉
칠리파우더 1Ts
쿠민 1/2Ts
파프리카가루 1ts
소금 1ts
후추 1ts
* 녹말가루 1/2ts
양파가루 1/2ts
마늘가루 1/2ts
(멕시칸)오레가노 1/2ts
고춧가루 or 고추씨 1/4ts

1. 모든 재료를 분량에 맞춰 준비합니다.

2. 작은 볼에 1의 재료를 모두 넣고 섞으면 완성입니다.

COOK's TIP

• 녹말가루를 조금 넣으면 고기의 육즙이 빠지지 않아 더욱 맛있게 만들 수 있지만, 채소에 뿌릴 경우에는 녹말가루를 넣지 않는 것이 좋습니다.

MEXI SAUCE
멕시 소스

🍲 1.2컵   🍴 5분   🍳 30분

영양성분(100g) ··· 열량 57.2kcal, 탄수화물 6.5g, 단백질 1.2g, 지방 3.4g

치미창가(p.218)와 함께 곁들여 먹으면 아주 좋은 소스로 약간 매콤한 맛이 식욕을 자극합니다.

〈멕시 소스〉
식용유 1Ts
다진 양파 1/2개(80g)
다진 마늘 2쪽
설탕 1/4ts
소금 1/4ts
칠리파우더 1/4ts
쿠민 1/4ts
칠리통조림 1캔(7oz, 196g) or 피망 1개
다진 할라피뇨 or 청양고추 1Ts
육수(닭, 다시마 / p.317~318) 1컵(240ml)
다진 고수 1줌(20g)

1. 달군 팬에 식용유를 두르고 다진 양파와 마늘을 넣어 양파가 투명해질 때까지 볶습니다.

2. 설탕과 소금, 칠리파우더, 쿠민, 칠리통조림을 넣어 섞다가 다진 할라피뇨를 넣고 1분간 볶습니다.

3. 육수를 붓고 저어가면서 국물을 조립니다.

4. 3과 다진 고수를 믹서나 푸드 프로세서에 넣고 곱게 갈면 완성입니다.

VINAIGRETTE
비네그레트 / 샐러드 드레싱 3종

 각 70~75ml   2분   1분

화이트와인 / 영양성분(100g) ··· 열량 562.0kcal, 탄수화물 9.6g, 단백질 0.6g, 지방 58.7g
레드와인 / 영양성분(100g) ··· 열량 562.3kcal, 탄수화물 9.7g, 단백질 0.6g, 지방 58.7g
발사믹 / 영양성분(100g) ··· 열량 568.6kcal, 탄수화물 13.2g, 단백질 0.7g, 지방 57.8g

비나그레찌(p.74)와 이름이 비슷한 이 소스는 샐러드 드레싱의 가장 기본 소스입니다. 취향에 따라 다양하게 드실 수 있도록 3종류를 같이 소개합니다.

〈비네그레트〉
엑스트라버진 올리브오일 1/2컵(120ml)
메이플시럽 or 꿀 1~1.5Ts
(디종)머스터드 2ts
다진 마늘 1~1.5ts
소금 1/4ts
후추 1꼬집

화이트와인 식초 1Ts
레드와인 식초 1Ts
발사믹 식초 1Ts

1. 식초를 제외한 모든 재료를 볼에 넣고 잘 섞어둡니다.

2. 소스 보관 용기에 화이트와인 식초, 레드와인 식초, 발사믹 식초를 각각 담습니다.

3. 식초 위에 1에서 섞은 재료를 똑같이 나눠 담으면 완성입니다.

COOK's TIP

· 완성된 비네그레트는 냉장고에 보관하다가 먹기 직전에 흔들어 사용합니다.

· 기름은 산화되기 쉬우니 섞어둔 드레싱은 가능한 한 3일 이내에 먹습니다.

· 와인 식초와 발사믹 식초 대신 레몬즙을 사용해도 좋습니다.

CHORIZO
초리조 / 돼지고기 소시지

🍚 750g 　🍴 5분 　🍲 1분

영양성분(100g) … 열량 222.9kcal, 탄수화물 4.7g, 단백질 15.0g, 지방 15.3g

초리조는 스페인과 포르투갈에서 시작되어 지금은 남미에서도 많이 먹는 소시지입니다. 지역마다 양념의 차이는 있지만 곱게 다진 돼지고기를 창자에 넣어 만드는 것이 일반적입니다.

〈초리조〉
곱게 간 돼지고기 600g
칠리파우더 or 안 매운 고춧가루 2.5~3Ts
(멕시칸)오레가노 1Ts
다진 마늘 1Ts
스모크드 파프리카 1ts
소금 1ts
코리앤더 1/2ts
쿠민 1/2ts
후추 1/2ts
계피가루 or 넛맥 1/4ts
식초 or 와인 5Ts

1. 돼지고기는 곱게 갈아 준비하고 나머지 재료들도 준비합니다.

2. 볼에 1의 모든 재료를 넣어 치댄 다음 골프공 크기로 빚고 위생봉투에 넣어 냉동실에 보관하면 완성입니다.

3. 필요할 때마다 기름을 조금 두른 팬에 넣고 볶아서 사용합니다.

COOK's TIP

• 초리조를 만들 때는 비계가 있는 삼겹살 부위를 살짝 얼린 후 잘게 다져 사용하는 것이 좋습니다.
• 고기는 살얼음이 생길 정도로 살짝 얼린 후 썰면 쉽게 썰 수 있습니다.
• 완성된 초리조는 냉동실에서 4개월 정도 보관할 수 있습니다.
• 볶음밥 등 다양한 요리에 넣어 활용합니다.

TORTILLA
토르티야

스페인어로 '케이크(토르타, torta – 팬케이크, 플랫 브래드)'라는 의미에서 유래된 토르티야는 마사 하리나(옥수수 가루)나 밀가루를 반죽해 둥글납작하게 만든 빵입니다. 토르티야는 재료와 조리법에 따라 부르는 이름이 아주 다양합니다. 토르티야를 반으로 접고 그 사이에 고기나 채소 · 치즈 등을 넣으면 '타코', 기름에 튀겨 녹인 치즈를 얹으면 '나초', 토르티야 사이에 닭고기와 살사소스 · 치즈를 넣고 돌돌 말면 '엔칠라다', 치즈 · 소시지 · 감자 · 콩 · 호박을 넣고 반으로 접은 뒤 구우면 '케사디야'라고 합니다. 이처럼 멕시코 요리에서 빠지면 안 되는 토르티야를 마사 하리나와 밀가루를 이용해 만드는 방법을 소개하겠습니다.

MASA TORTILLA
마사 토르티야 / 옥수수 토르티야

🍚 12장　✏️ 40분　🍲 22분

영양성분(100g) … 열량 217.6kcal, 탄수화물 45.1g, 단백질 6.3g, 지방 2.9g

옥수수를 석회수에 담가 독소를 분해하는 과
정인 닉스타말화(nixtamal+化)를 거친 마사
로 만든 마사 토르티야입니다. 멕시코에서 전
통적으로 많이 먹던 토르티야입니다.

〈마사 토르티야〉
마사 하리나(옥수수가루) 2컵(240g)
소금 1/2ts
따뜻한 물 1.5컵(360ml) + 1〜2Ts

1. 볼에 마사 하리나와 소금을 넣고 물을 부
어 한 덩어리가 될 때까지 치댑니다. 이때
물은 한 번에 넣지 말고 1.5컵을 먼저 부
은 뒤, 반죽의 상태를 보고 추가합니다.

2. 한 덩어리로 잘 치댄 반죽을 12개로 나눠
손바닥을 이용해 동그랗게 만듭니다. 그다
음 랩을 씌우고 30분 정도 휴지시킵니다.

3. 토르티야 프레스 위에 지퍼백과 같이 두꺼
운 비닐을 올리고 2의 휴지시킨 반죽을 하
나씩 올린 뒤 비닐을 덮어 누릅니다.

4. 납작해진 반죽을 약불로 달군 팬에 올리
고 앞뒤로 1분 이하씩 구워 노릇노릇하게
만들면 완성입니다.

COOK's TIP

- 스테인리스 팬을 사용한다면 오일을 두른 후 깨끗이 닦아 굽고, 넌스틱 코팅팬이라면 오일 없이 굽습니다.
- 토르티야 칩을 만들고 싶다면 치킨 토르티야 수프(p.112)를 참고합니다.
- 토르티야 프레스가 없다면 밑이 평평한 접시나 팬으로 누르거나 밀대로 동그랗게 밀어 만들면 됩니다.

FLOUR TORTILLA
밀가루 토르티야

🥣 6장 　🍴 40분 　🍲 15분

영양성분(100g) … 열량 319.2kcal, 탄수화물 54.6g, 단백질 8.8g, 지방 7.1g

옥수수를 재배하기 어려웠던 멕시코의 일부 지역에서는 밀가루를 사용해 토르티야를 만들었습니다. 밀가루 토르티야는 가격이 저렴하고 대량 생산이 용이하기 때문에 요즘에는 더욱 각광을 받고 있습니다.

〈밀가루 토르티야〉
중력분 2컵(240g)
버터 1.5Ts
베이킹소다 1ts
소금 1/2ts
따뜻한 물 1/2컵(120ml) + 1~2ts

1. 볼에 중력분과 버터, 베이킹소다, 소금을 넣고 물을 부어 한 덩어리가 될 때까지 치댑니다. 이때 물은 한 번에 넣지 말고 1/2컵을 먼저 부은 뒤, 반죽의 상태를 보고 추가합니다.

2. 한 덩어리로 잘 치댄 반죽을 6개로 나눠 손바닥을 이용해 동그랗게 만듭니다. 그다음 랩을 씌우고 30분 정도 휴지시킵니다.

3. 토르티야 프레스 위에 지퍼백과 같이 두꺼운 비닐을 올리고 2의 휴지시킨 반죽을 하나씩 올린 뒤 비닐을 덮어 누릅니다.

4. 납작해진 반죽을 약불로 달군 팬에 올리고 앞뒤로 1분 이하씩 구워 노릇노릇하게 만들면 완성입니다.

COOK's TIP

- 밀가루 토르티야는 글루텐의 탄성 때문에 팬에 구우면 굽기 전보다 반죽이 약간 작아지니, 반죽을 최대한 얇고 크게 만드는 것이 중요합니다.
- 스테인리스 팬을 사용한다면 오일을 두른 후 깨끗이 닦아 굽고, 넌스틱 코팅팬이라면 오일 없이 굽습니다.
- 토르티야 칩을 만들고 싶다면 치킨 토르티야 수프(p.112)를 참고합니다.
- 토르티야 프레스가 없다면 밑이 평평한 접시나 팬으로 누르거나 밀대로 동그랗게 밀어 만들면 됩니다.

CHICKEN BROTH
닭육수

🍚 4L 🍴 20분 🍲 3시간

영양성분(100g) … 열량 12kcal, 탄수화물 1.2g, 단백질 1.1g, 지방 0.4g

전 세계 어떤 음식에도 맛있게 사용할 수 있는 깊은 맛의 닭육수입니다.

〈닭육수〉
손질된 닭 1마리 or 닭뼈 1.7~2kg
물 6L(2L + 4L)
청주(와인) 2/3컵(160ml)
양파 1개(200g)
당근 1개(120g)
셀러리 1대(100g)
파의 흰 부분 60g
통후추 15알
월계수잎 4~5개
생강 1개(2.5cm)
마늘 6~8쪽

1. 닭은 껍질을 벗겨 깨끗이 씻은 다음 연골 부분을 잘라 밑이 두꺼운 냄비에 넣고 2L의 물을 부어 센불에서 팔팔 끓입니다. 이때 생기는 거품은 제거합니다.

2. 청주를 넣어 잡내를 없앱니다.

3. 2에 양파와 당근, 셀러리, 파, 통후추, 월계수잎, 생강, 마늘을 손질해서 넣고 남은 물 4L를 부어 끓입니다.

4. 중불에서 2시간 동안 뭉근히 끓입니다.

5. 충분히 끓인 육수는 체에 받쳐서 닭과 건더기를 건져낸 뒤 완전히 식혀 기름을 제거하면 완성입니다.

COOK's TIP

• 육수에 사용한 닭은 손질해서 닭요리에 사용하면 됩니다.
• 기름을 제거한 육수를 소독한 용기에 넣으면 냉장실에서 3일, 냉동실에서 2주 동안 보관이 가능합니다.

KELP BROTH
다시마육수

🥣 3컵　🥄 1분　🍲 반나절 or 12분

영양성분(100g) ··· 열량 1.1kcal, 탄수화물 0.3g, 단백질 0.1g, 지방 0.0g

알긴산과 아미노산이 풍부해서 콜레스테롤 수치와 혈압을 낮추는 다시마로 육수를 만들면 깊고 깔끔한 맛을 느낄 수 있습니다. 육수 중에서 가장 쉽게 만들 수 있습니다.

〈다시마육수 방법 1〉
다시마 1장(15×15cm)
물 3컵(720ml)

〈다시마육수 방법 2〉
손질한 육수용 멸치 10마리
다시마 1장(15×15cm)
파뿌리 5~6개
물 800ml

〈방법 1〉

1. 15cm의 정사각형으로 자른 다시마를 물에 씻습니다.

2. 병에 물을 채우고 1의 다시마를 넣어 냉장고에서 6시간 이상 우리면 완성입니다.

〈방법 2〉

1. 기름을 두르지 않은 마른 팬이나 냄비에 머리와 내장을 제거한 멸치를 넣고 약불에서 1~2분간 구워 비린맛과 잡내를 없앱니다.

2. 1에 다시마와 깨끗하게 씻은 파뿌리를 넣고 물을 부어 중약불에서 끓입니다.

3. 끓기 시작하면 5분 뒤에 불을 끄고 체에 걸러 보관 용기에 담으면 완성입니다.

SHRIMP BROTH
새우육수

🍚 4컵 🥄 3분 🍲 35분

영양성분(100g) ··· 열량 28.7cal, 탄수화물 1.2g, 단백질 2.1g, 지방 0.4g

채소에 새우머리와 껍질을 넣어 끓이는 새우 육수는 국물에 감칠맛을 더해주는 역할을 합니다.

〈새우육수〉
새우머리와 껍질 + 건새우 250g
물 4컵(960ml)
양파 1개(180g)
당근 1/2~1개(110g)
셀러리 1대(70g)
마늘 3~4쪽
월계수잎 2개
소금 1/2ts
* 후추 1/4ts
* 타임 1/4ts

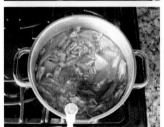

1. 두꺼운 냄비에 새우머리와 껍질, 건새우를 넣고 물과 적당히 자른 양파, 당근, 셀러리, 마늘, 월계수잎을 넣어 중불 이상에서 끓입니다.

2. 육수가 끓기 시작하면 약불로 줄이고 뚜껑을 덮어서 20~30분간 재료가 충분히 우러나도록 끓입니다.

3. 소금과 후추, 타임을 넣어 간을 맞춥니다.

4. 3을 체에 밭쳐서 건더기는 버리고 육수만 걸러낸 뒤, 소독한 용기에 넣어 보관하면 완성입니다.

COOK's TIP

• 새우머리를 넣어야 육수의 맛이 제대로 납니다. 새우머리나 껍질이 없다면 건새우만 넣어도 됩니다.

• 새우를 통째로 넣어 끓일 경우 새우가 질겨지지 않도록 짧은 시간만 끓인 후 머리와 껍질은 분리해서 다시 육수에 넣고, 새우 살은 음식에 넣어 사용합니다.

• 완성된 새우육수는 냉장실에서 3일, 냉동실에서 두 달간 보관이 가능합니다.

집에서 즐기는 라틴아메리카 현지 음식

멕시코 라틴 푸드 트립

개정1판 1쇄 발행일	2022년 03월 10일
초 판 발 행 일	2019년 04월 15일
발 행 인	박영일
책 임 편 집	이해욱
저 자	김예리
편 집 진 행	강현아
표 지 디 자 인	박수영
편 집 디 자 인	신해니
발 행 처	시대인
공 급 처	(주)시대고시기획
출 판 등 록	제 10-1521호
주 소	서울시 마포구 큰우물로 75 [도화동 538 성지 B/D] 6F
전 화	1600-3600
팩 스	02-701-8823
홈 페 이 지	www.sidaegosi.com
I S B N	979-11-383-1942-3[13590]
정 가	20,000원

시대인은 종합교육그룹 (주)시대고시기획 · 시대교육의 단행본 브랜드입니다.